模具拆装及测绘实训教程

（第3版）

王　晖　李大成　主　编
刘安华　主　审

重庆大学出版社

内 容 提 要

全书分为 6 章,第 1 章介绍模具钳工实训相关知识;第 2 章介绍简单注塑模具结构及基本知识;第 3 章介绍模具的拆装;第 4 章介绍模具测绘;第 5 章介绍模架的选用;第 6 章介绍塑料注塑模零件标准及模架选择方法。

本书可作为高等职业技术学院、高等专科学校和成人高等学校的模具设计与制造专业以及机械、机电类等相关专业的基础实践环节指导教材,也可供从事模具设计与制造的工程技术人员参考。

图书在版编目(CIP)数据

模具拆装及测绘实训教程/王晖,李大成主编. —3 版.
—重庆:重庆大学出版社,2010.8(2019.7 重印)
(高职高专模具设计与制造专业系列教材)
ISBN 978-7-5624-3781-9

Ⅰ.①模… Ⅱ.①王…②李… Ⅲ.①模具—装配
(机械)—高等学校:技术学校—教材②模具—测绘—高等
学校:技术学校—教材 Ⅳ.①TG76

中国版本图书馆 CIP 数据核字(2010)第 134552 号

模具拆装及测绘实训教程

(第 3 版)

王 晖 李大成 主编

刘安华 主审

责任编辑:周 立 版式设计:周 立
责任校对:夏 宇 责任印制:张 策

*

重庆大学出版社出版发行

出版人:饶帮华

社址:重庆市沙坪坝区大学城西路 21 号

邮编:401331

电话:(023) 88617190 88617185(中小学)

传真:(023) 88617186 88617166

网址:http://www.cqup.com.cn

邮箱:fxk@ cqup.com.cn(营销中心)

全国新华书店经销

重庆升光电力印务有限公司印刷

*

开本:787mm×1092mm 1/16 印张:12 字数:300 千
2019 年 7 月第 3 版 2019 年 7 月第 7 次印刷
ISBN 978-7-5624-3781-9 定价:28.00 元

再版前言

高等职业教育是我国高等教育的重要组成部分。其根本任务是培养和造就适应生产、建设、管理、服务第一线需要的全面发展的高等技术应用型人才。近年来,高等职业教育发展迅猛,但社会上出版的侧重于应用能力培养的教材不多,尤其是针对基础应用能力培养的教材更是缺乏,基于这种情况,特编写此书,希望可为从事相关专业教学及相关工程技术人员提供一点参考。

提高模具设计与制造专业学生的基础应用能力是本书的主要目标。在编写内容中,以模具的拆装及主要结构认知为主线,围绕模具拆装过程中所需要掌握的知识,系统地阐述了模具钳工实训、注塑模具结构认知实习、模具拆装实习的目的与要求、内容及步骤。

本书由王晖、李大成老师主编,刘安华负责审稿。全书分为6章,第1章介绍模具钳工实训相关知识;第2章介绍简单注塑模具结构及基本知识;第3章介绍模具的拆装;第4章介绍模具测绘;第5章介绍模架的选用;第6章介绍塑料注塑模零件标准及模架选择方法。

本书可作为高等职业技术学院、高等专科学校和成人高等学校的模具设计与制造专业以及机械、机电类等相关专业的基础实践环节指导教材,也可供从事模具设计与制造的工程技术人员参考。

参与本书编写的老师还有:刘冠军、张涛川、张烨。同时,在本书的编写过程中得到了河源职业技术学院模具教研室的大力支持和帮助,编者在此一并表示衷心感谢。

由于作者水平有限,书中难免有错误和欠妥之处,恳请读者批评指正并提出宝贵意见。

编　者
2019 年 1 月

目录

第**1**章
模具钳工实训

1.1 概 述

钳工主要分为普通钳工和工具钳工,模具钳工是工具钳工的一种。

模具钳工是利用虎钳及各种手工工具、电动工具、钻床以及模具专用设备来完成目前机械加工还不能替代的手工操作,并将加工好的模具零件按图纸装配、调试,最后制造出合格的模具产品。

由于机械化、数控化水平的不断提高,机械不能做的将是更难、更复杂的工作,特别是模具工作表面的修磨、模具装配和调试等对钳工的技能都有很高的要求。因此模具设计与制造专业的学生必须熟练掌握钳工的基本知识和基本技能,以适应模具加工、装配的要求。

1.1.1 模具钳工实训的目的和要求

1)在普通钳工操作训练的基础上,训练学生熟练使用模具钳工常用的工具和设备。

2)掌握模具钳工的基本操作技能。

3)达到中级(国家职业资格四级)模具钳工的技能标准,并通过职业技能考核。

1.1.2 模具钳工实训前的准备和注意事项

(1)模具钳工实训前应具备的知识和技能

1)具有机械制图和识图的基本知识。

2)具有公差与技术测量的基本知识,会使用测量工具。

3)掌握模具材料的性能和热处理要求。

4)熟悉模具的类型与结构原理。

5)熟悉模具成型工艺与成型设备。

6)掌握模具零件(包括标准件)的技术要求和制造工艺。

7)了解模具的装配工艺。

8)了解试模过程中或生产过程中经常出现问题的原因和模具的调整方法。

（2）**模具钳工的安全技术及操作要求**

1）不得擅自使用不熟悉的设备和工具。

2）使用手提式风动工具时，要求接头牢靠，风动砂轮应有完整的罩壳装置，并按规范选用砂轮。

3）使用手提式电动工具时，插头必须完好，外壳接地，绝缘可靠。更换砂轮和钻头时必须切断电源，发生故障应停止使用。

4）禁止使用无柄的刮刀或锉刀及有缺陷的工具。

5）錾削、磨削、装弹簧时不准对准他人，锤击时要注意不要伤及旁人。

6）对于大型和畸形工件的支撑和装夹要注意其重心位置，以免坠落或倾覆伤人。

7）清除切屑时要用刷子，不要用手去清除，更不要用嘴吹，以免造成不必要的伤害。

8）严禁在行车吊起的工件下进行操作和逗留。

9）严禁使用 36 V 以上电源的手提式移动照明工具。

10）就地检修模具，必须将机床断电后进行操作。

1.1.3　模具钳工实训的任务

模具钳工实训的主要任务：一是训练学生掌握模具钳工的基本操作，主要包括：划线、钻孔、铰孔、锪孔、攻螺纹、套螺纹、粘接、研磨、抛光、测量和简单的热处理等；二是训练学生掌握模具零部件的加工制作方法，模具的装配、修理、调试和检验的技能。同时培养学生吃苦耐劳的精神和创新精神。

1.1.4　模具钳工实训中的精度概念

模具是一种高精密性的成型工具，是用作批量或大批量成型加工冲件、塑件、压铸件、橡胶、玻璃、陶瓷制品等制件的精密成型工具。从事模具设计与制造的职工，必须具有强烈的质量意识、精密性意识和精度概念。高精密性是模具企业的立业之本。为此，模具必须满足、保证制件生产的 4 点要求：

1）制件的形状、尺寸、形状与位置精度必须符合制件图样表明的技术要求。

2）必须保证批量或大批量生产的制件互换性要求。

3）必须保证模具在长期使用过程中的可靠性和性能。

4）模具设计和制造精度需远远高于制件精度，一般地，须高于制件精度 2 级或 2 级以上。

1.2　模具钳工实训的内容和步骤

1.2.1　模具零件的划线

（1）**划线目的**

在工件上划出后续工序的界限称为划线。只需在一个平面上划线就能满足加工要求的，为平面划线；要同时在工件上几个不同方向的表面上划线才能满足加工要求的，为立体划线。划线的目的是：确定工件的加工余量和加工尺寸界限；便于工件在机床上安装、找正和定位；能够及时发现和处理不合格毛坯;采用借料划线可使误差不大的毛坯得到补救,使加工后的工件仍能符合要求。

钳工划线要根据零件图纸、工艺要求和加工方法等进行。要根据工艺要求分析图纸上的线条在工件上哪些该划、哪些不该划;哪些先划,哪些后划;哪些不需要划。如在镗床、电火花机床、数控机床等设备上加工,机床本身就能控制尺寸界限,一般不需要划线。

划线工具及其作用:模具钳工常用的划线工具及其使用注意事项见表1.1。

表1.1 模具钳工常用的划线工具及其使用注意事项

序号	工具名称	图 示	用途及使用注意事项
1	划线平台	 1—铸铁平台;2—支架	划线平台用铸铁制成。平台面经过精磨或刮研等精加工来安放工件和划线工具,并在平台上面进行划线工作。使用时需注意:平台必须保持清洁,工件和工具在平台上要轻拿轻放,防止重物对平台撞击,平台使用后应擦拭干净,长期不用应涂上机油以防生锈
2	划针	（a） 15°~20° 45°~75° （b）	用 ϕ3 ~ 4 mm 高速钢或弹簧钢丝制成。划针长度200 ~ 300 mm,尖角15° ~ 20°,并淬硬到HRC60左右。用于在工件上沿钢板尺、直尺、样板等进行划线 划针的握法与用铅笔相同。左手紧压导向工具,划针尖紧靠导向工具的边缘,上部要向外倾斜约15° ~ 20°,沿划针前进的方向约倾斜45° ~ 75°。用划针划线要一次划成,不要重复地划同一条线
3	划针盘	（a） （b） 1—划针;2—夹紧螺母;3—立柱; 4—底座;5—锁紧螺母; 6—磁性开关;7—调节螺母	划针盘一端焊有高速钢针,用于划线,另一端弯成钩状,用于对工件找正。划线盘用来划线或找正工件的位置。使用时划针基本处于水平状态,伸出部分尽量短些;划针与工件的划线表面之间要倾斜约30° ~ 45°;不用时,把划针竖直,针尖要朝下,或在针尖上套上一段塑料管,以防针尖伤人

续表

序号	工具名称	图 示	用途及使用注意事项
4	高度尺	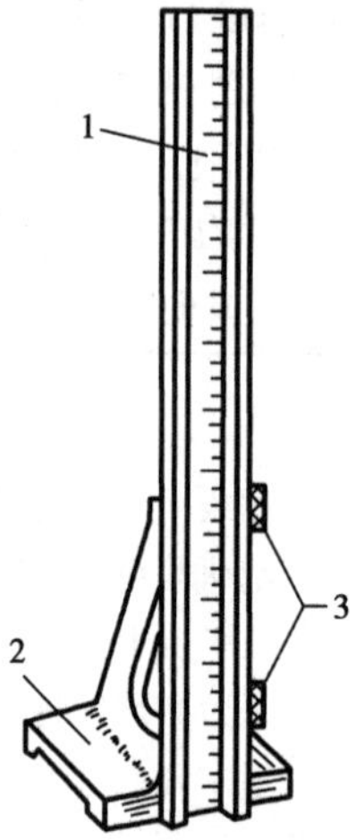 1—钢尺;2—底座;3—锁紧螺钉	由尺架和钢直尺,通过调整螺母可改变钢直尺的上下位置。配合划针一起使用,以确定划针在平板上的高度尺寸
5	高度游标卡尺	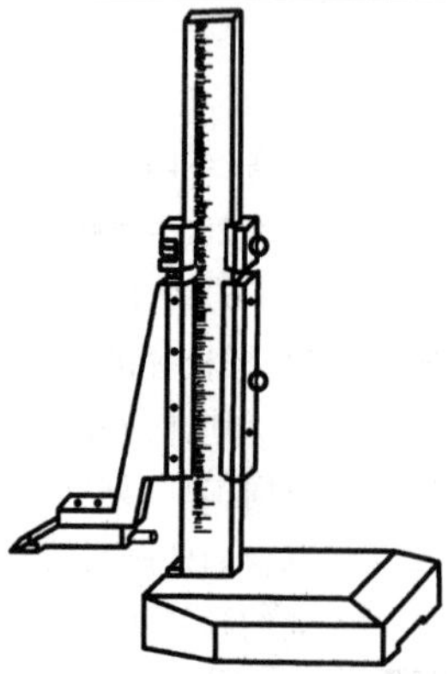	它集划针、划线盘、卡尺于一体,其精度为0.02 mm,用于精密划线和测量高度 使用时,要注意保护划刀刃,并严禁在粗糙的表面上划线。通常只用它划出短痕,然后再用划针盘的针对准短痕后,将线条引长
6	圆规	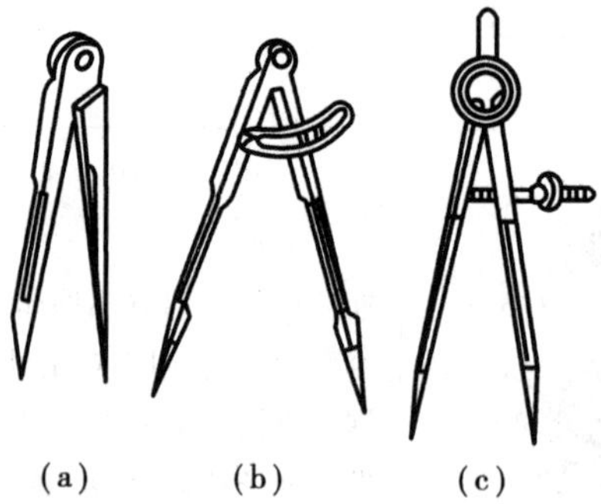 (a) (b) (c)	圆规又叫划规,用工具钢制成,尖部焊有高速钢或硬质合金。主要用来划圆弧、量取尺寸、等分角度或线段等 图(a)为钳工最常用的普通圆规;图(b)为带有锁紧装置的普通圆规,仅用于尺寸不大的毛坯表面划线;图(c)为弹簧圆规,只适合尺寸不大的较光滑的表面划线

序号	工具名称	图　示	用途及使用注意事项
7	游标划规	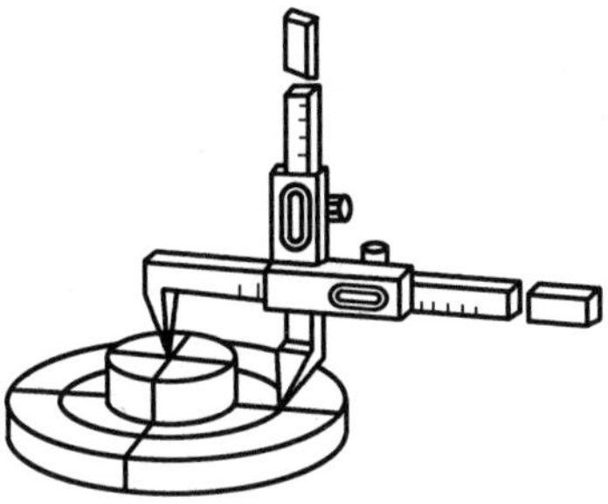	带有游标刻度,游标划针可调整距离,另一针可调整高低,适用于大尺寸划线和在阶梯面上划线
8	角尺	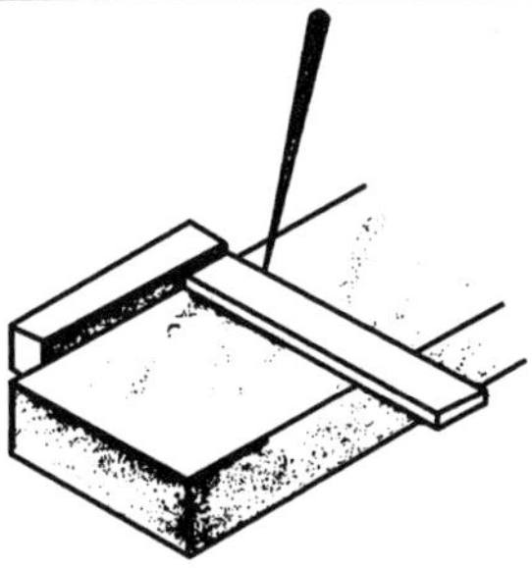	角尺是划垂直线和平行线的导向工具,也可用来找正工件平面在划线平台上的垂直度
9	量角规	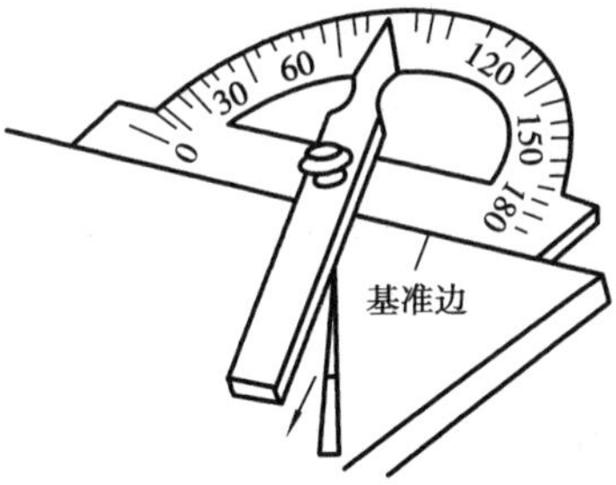	用来划任意角度
10	样冲		样冲用工具钢制成,尖端成45°~60°角,并淬火硬化,样冲用来在已划好的线上打样冲眼;为固定所划的线条,使工件在搬运加工过程中即使线被擦掉或被擦模糊时,仍留有清晰的样冲眼的标记;用圆规划圆和定钻孔中心时,也要打样冲眼,便于圆规定心脚立足和钻头尖对准圆心

续表

序号	工具名称	图　示	用途及使用注意事项
11	V形铁	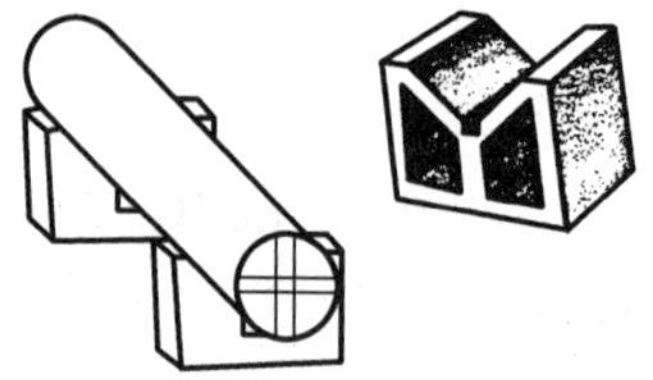	主要用来支撑圆形工件,以便找中心线,在圆形工件端面上划线等。通常V形铁都是两块一起使用,两块的长、宽、高及V形槽的各部分几何精度要求一致
12	方箱	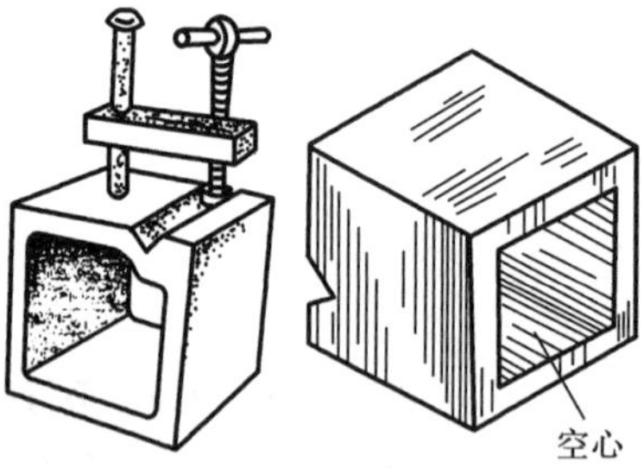 空心	方箱用铸铁制成,是一个空心的六面体,相邻平面互相垂直,用来夹持工件并能方便地翻转。因为它六面垂直,可使夹持在方箱上的工件一次安装就能完成立体划线
13	角铁	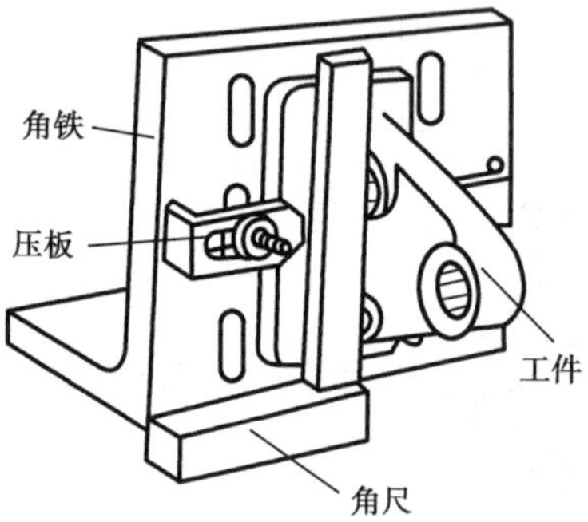 角铁　压板　工件　角尺	角铁是用铸铁制成,两面加工成精度较高且互相垂直的平面,常与压板配合使用,用来夹持工件。它有两个互相垂直的平面,也能一次安装完成立体划线
14	千斤顶	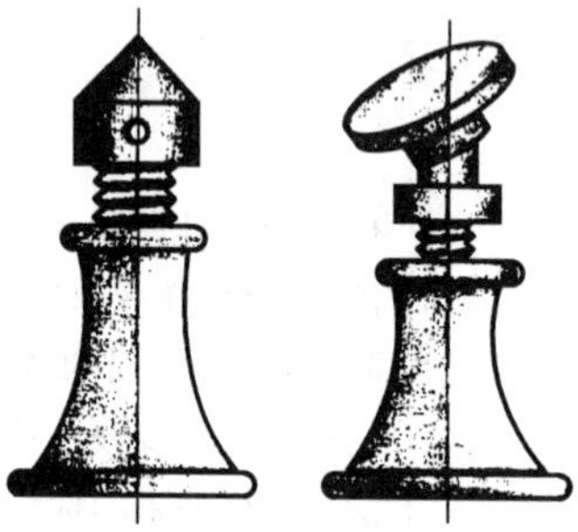	千斤顶通常三个为一组,用来支撑笨重毛坯或形状不规则的划线工件,进行校验、找正、划线。用千斤顶支撑工件时,要求三个千斤顶的支撑点离工件重心尽量远,工件较重的部分放两个千斤顶,较轻的部分放一个千斤顶,支撑点要选在不易发生滑移的地方,必要时用钢丝绳吊住某一部分或工件下面加垫铁支撑,以防万一滑倒伤人
15	斜锲垫铁和平行垫铁	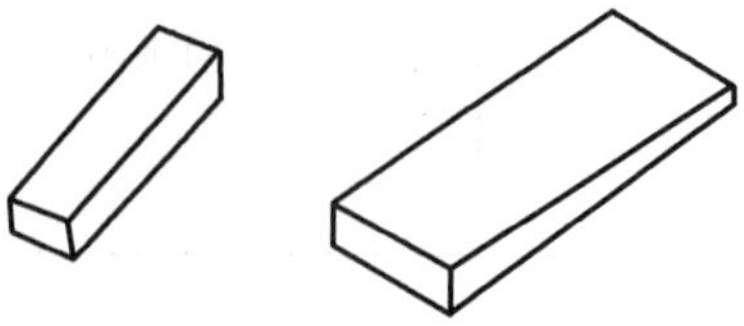 (a)平行垫铁　(b)斜垫铁	用来支撑和垫平工件斜锲找正比千斤顶方便,但只能做少量调节

（2）**划线基准的选择和选定基准的方法**

任何一个复杂工件的几何形状都是由点、线、面构成的。所谓基准，就是工件上用来确定其他点、线、面的位置所依据的点、线、面。划线时的划线基准要与设计基准一致。正确地选择划线基准是划线的关键，有了合理的基准，才能划线准确、方便、高效。因此，在选定划线基准时应遵循以下三个原则：当根据图纸尺寸标注确定划线基准时，划线时，可以在工件上选定与图纸一致的设计基准（点、线、面）作为划线基准；如果毛坯上只有一个表面是已加工面，则应以这个面作为基准；如果都是毛坯面，则以较平整的大平面作为基准。选定基准的方法见表1.2。

表1.2　选定基准的方法

序号	基本形式	简图	说明
1	以两个互成直角的外平面为基准	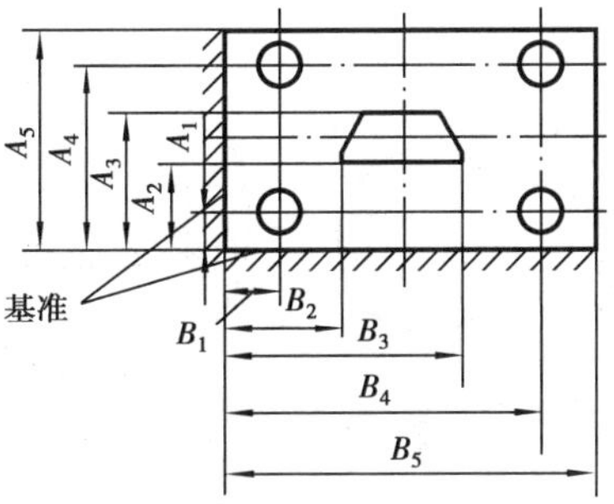	划线前先把这两个外表面加工平，使其互成90°直角，以后其他尺寸都以这两个平面为基准划出加工线
2	以两条中心线为基准	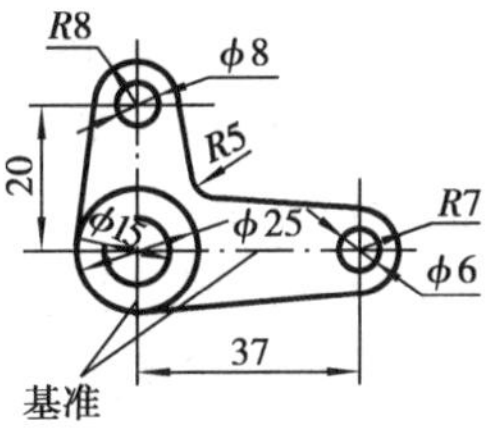	划线前先找出工件相对的两个位置，划出两条中心线，然后再根据中心线划出其他加工线
3	以一个外平面和一条中心线为基准	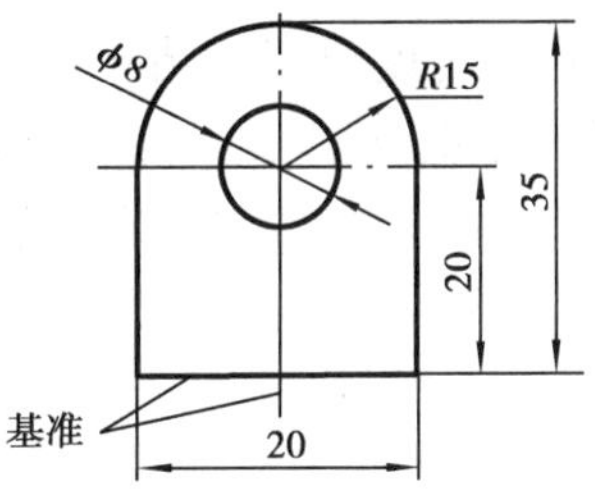	划线前，先将底平面加工平，然后划出中心线，再划其他线
4	以点为基准	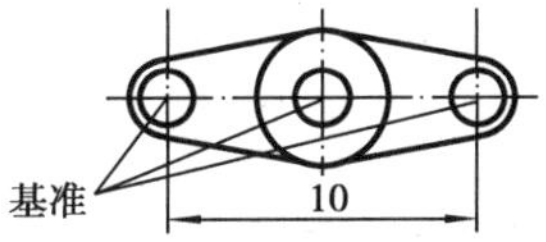	划线前找出工件的中心点，然后以中心点为基准，划出其他各加工线

（3）**划线步骤**

划线工作实际上是按图纸的要求，在被加工的工件上划出直线或曲线组成各种几何图形。划线的步骤如下：

1）认真熟悉图纸及工艺要求。选定划线基准并考虑下道工序的要求，确定加工余量和需要划出的线数。

2）对划线工件要进行校验和清理。首先要检查划线工件是否合格，对于铸件上的浇口、冒口、毛边要去掉，粘在表面的型砂要清除；锻件上的飞边，氧化皮要去除；对已加工过的半成品要去除毛刺、擦去油污，便于涂色。

3）在划线部位涂色。为使划线清晰，要在工件需划线的部位涂上一层色。常用的涂料有：石灰水（常在其中加入牛皮胶来增加附着力），一般用于表面粗糙的铸、锻件毛坯上的划线；酒精色溶液（酒精中加漆和紫蓝颜料配成）；硫酸铜溶液，用于已加工表面上的划线。

4）划线。要先划水平线，再划垂直线、斜线，最后划圆、圆弧和曲线。在有孔的工件上划圆或分圆周时，必须找出圆心；因圆心在孔内，一般要在孔内安装上中心塞块；对于不大的孔，通常用铅块，较大的孔用木料，并在中心附近贴上铁皮便于中心处打样冲眼或用可调节的专用塞块，如图 1.1 所示。

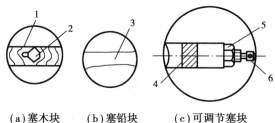

（a）塞木块　　（b）塞铅块　　（c）可调节塞块

图 1.1　在孔内装塞块

1—木块；2—铝皮或铜皮；3—铅块；4—钢块；

5—锁紧螺母；6—伸缩螺钉

5）检查划线的正确性，是否有遗漏的线没划上。

6）打样冲眼。在工件所划加工线条上打样冲眼，目的是加强界限标志和作划圆弧或钻孔时的定位中心。样冲眼一定要打在线条的中间和交叉点上。样冲眼之间的距离及冲眼大小需根据工件的大小、线的长短、孔的大小而定，以加工时能看清楚加工线为准，在线条的交叉转折处必须打样冲眼。样冲眼的深度要适当，角度要正。钻孔中心打样冲眼要大而深。毛坯表面和孔的中心要打正打深。薄壁零件打样冲眼要浅，应轻敲，以防变形或损伤。光滑的表面样冲眼要小，甚至不冲眼，如塑料模分型面上的型腔界限、挤出模的口模部位、冷冲模的型孔及精加工表面均不准打样冲眼。

（4）**划线方法**

划线方法见表 1.3。

表 1.3　划线方法

划线内容	图　　示	说　　明
直线的划法		先在工件表面需要的尺寸处划出直线两端点，然后用钢尺及划针连接两端点，即成一条直线

	划线内容	图　示	说　明
平行线的划法	用角尺划线法	 钢尺的基准边　角尺的基准边	先用钢尺和划针划好需要的距离,再用角尺紧靠垂直面,一边对正划好的距离,用划针划出平行线
	几何划法	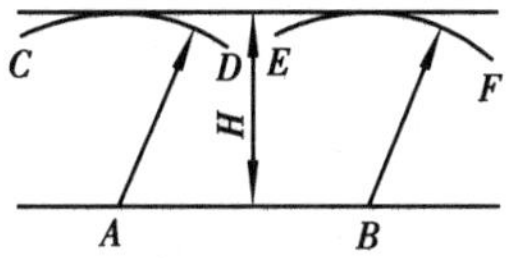 C　D E F H A　B	在划好的直线上取 A,B 两点,分别以 A,B 两点为圆心,以两条平行线的垂直距离为半径划出两圆弧,再用钢尺作两圆弧的切线
垂直线的划法	划垂直平分线	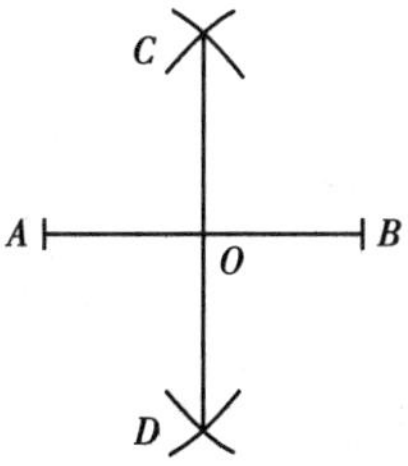 C A　O　B D	以直线两端点为圆心,用任意长为半径分别划弧得对称交点,连接后便成垂直线
	以线内一点作垂直线	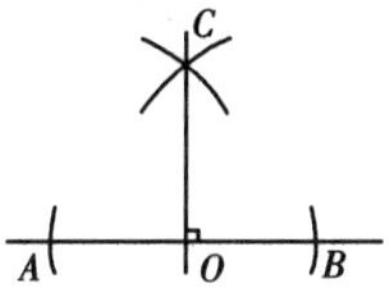 C A　O　B	以线上已知 O 为圆心,用任意长为半径,划两个短弧交在直线上得 A,B 两点,再分别以 A,B 两点为圆心,用任意长为半径划弧交于 C 点,连接 OC 则为 AB 的垂直线
角的等分线划法	任意角二等分	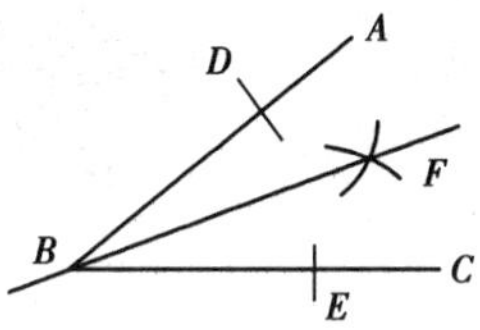 D A F B E C	以 B 点为圆心,任意长为半径划弧交两边于 D,E 两点,再分别以 D,E 两点作圆心,用略大于 DE 距离的 1/2 作半径,各划一段弧并交于 F 点,连接 BF 则为角平分线
	直角三等分	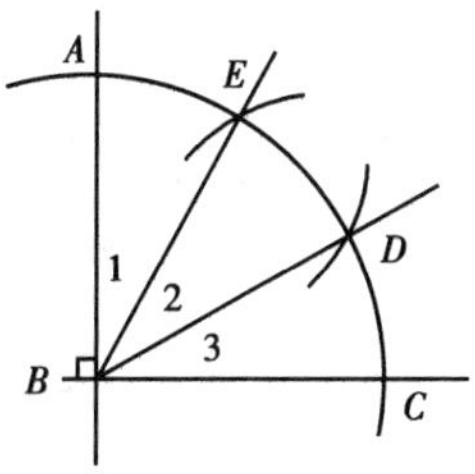 A E 1 2 D B 3 C	以 B 点为圆心,任意长为半径交两边于 A,C 两点,然后分别以 A,C 两点为圆心,仍以原半径(BA,BC)为半径划两个弧,分别交 AC 弧于 D,E 两点,连接 BD,BE 则把直角三等分

续表

划线内容		图　示	说　明
圆弧连接	圆弧与角边相切	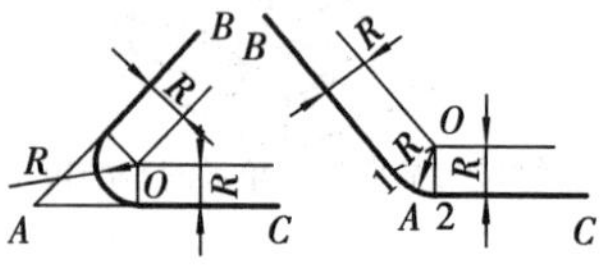	圆弧与锐角、直角、钝角相切时，可按平行线的划法以圆弧半径为距离，划角边的平行线。两平行线的交点就是圆心，然后用圆规定好半径，划出圆弧
	圆弧相切	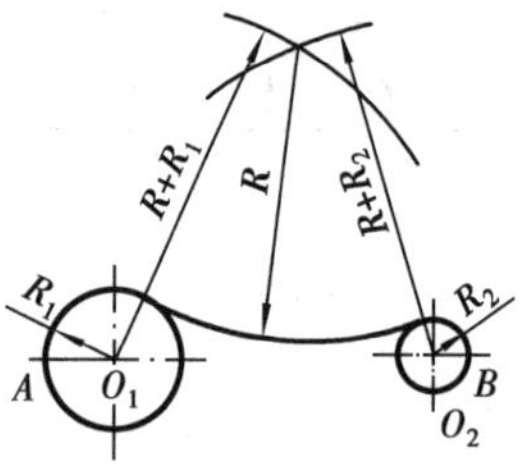	先把相切的圆弧半径相加求出圆心，然后用半径划圆弧，两圆弧即可相切
圆形工件找圆心	用中心规找圆心	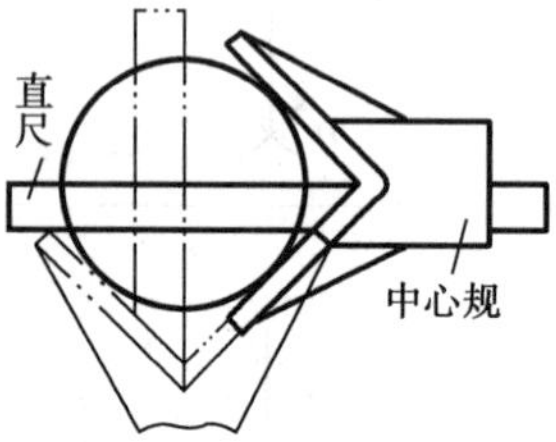	将中心规两工作面贴住圆柱工件的外圆，沿直尺用划针划一条直线，然后转任意角度用同样的方法再划一条直线，两直线的交点即是所要找的圆心
	用游标高度尺和V形铁配合求圆心	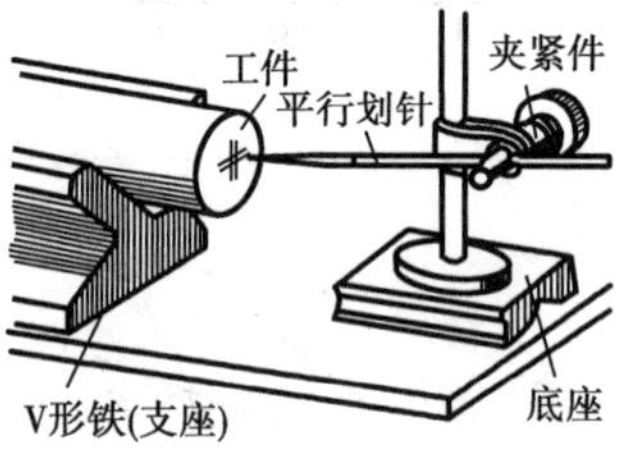	将工件放在V形铁槽内，把游标高度尺的卡脚调整到工件上表面的高度，然后减去工件的半径划一直线。再翻转一个任意角度，用同样的高度划线，两条线的交点即为所求的圆心

（5）划线实例

划线实例见表1.4。

表1.4　划线实例

零件图	
	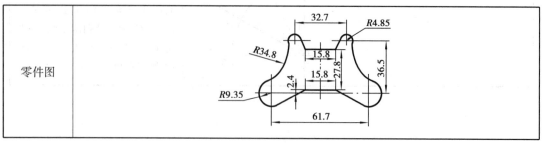

划线顺序	图　形	划线说明
坯料准备	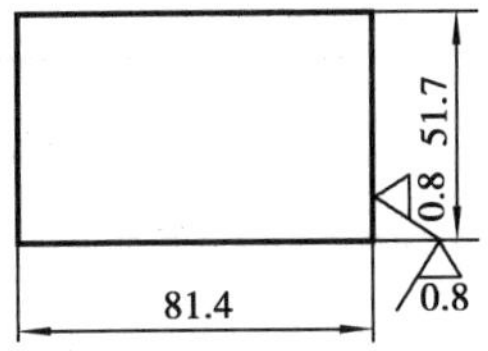	1)刨成六面体,每边放余量0.3～0.5 mm后尺寸为 81.4 mm×51.7 mm×42.5 mm 2)磨上、下平面及一对互相垂直的基准面 3)去毛刺、划线,平面去油、去锈后涂色
划直线	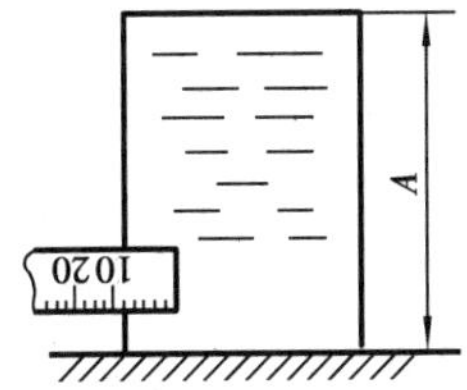	1)将基准面平放在平板上 2)用游标高度尺测的实际高度A 3)以1/2 A划中心线 4)计算各圆弧中心位置尺寸并划中心线,划线时用钢尺大致确定划线横向位置 5)划出尺寸15.8 mm线的两端位置
划直线	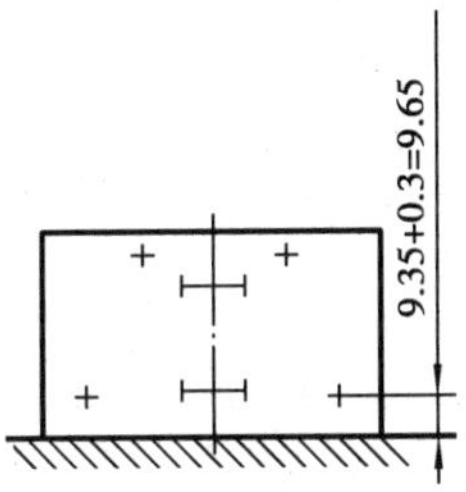	1)将另一基准面放在平板上 2)划9.35 mm中心线,加放0.3 mm余量 3)计算各线尺寸后划线
划圆弧	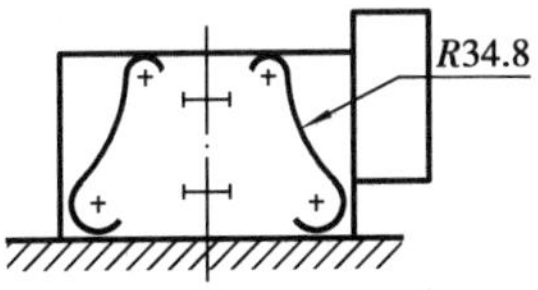	1)在圆弧十字线中心轻打出样冲眼 2)用圆规划圆弧线 3)R34.8 mm圆弧中心在坯料之外,取用一个辅助块,用平口钳夹紧在工件侧面,求出圆心划线
连接直线、斜线	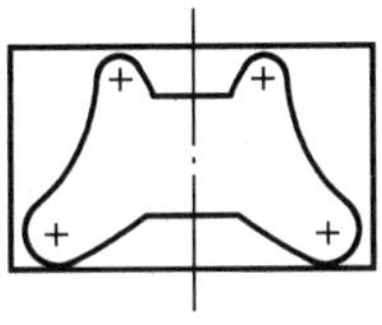	用钢尺、划针连接各直线和斜线段

(6)划线练习及成绩评定

练习题如图1.2所示,按以下项目训练并记录成绩,见表1.5。

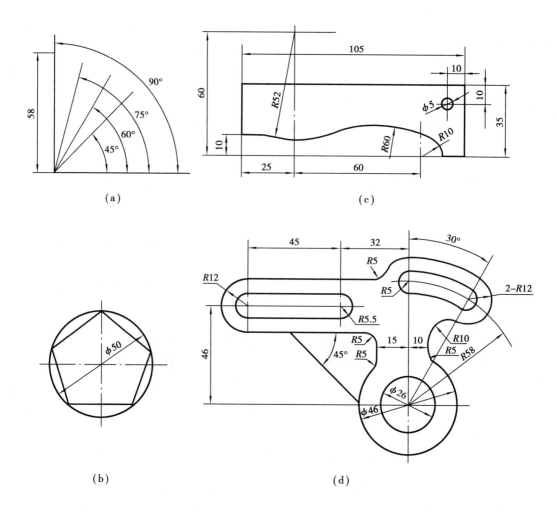

图 1.2　练习题

表 1.5　划线练习及成绩评定

项次	项目与技术要求	配分	评定方法	实测记录	得分
教学要求:①明确划线作用;②正确使用平面划线工具;③掌握一般的划线方法和正确地在线条上打样冲眼;④划线操作应达到线条清晰、粗细均匀,尺寸误差不大于 ±0.3					
1	涂色薄而均匀	5	总体评定		
2	图形及其排列位置正确	10	每差错一图扣 3 分		
3	线条清晰无重线	10	线条不清楚或有重线每处扣 1 分		
4	尺寸及线条位置公差 ±0.3	25	每处超差扣 2 分		
5	各圆弧连接圆滑	15	每处连接不好扣 2 分		
6	冲点位置公差 0.3 mm	15	凡冲偏一处扣 2 分		
7	检验样冲眼分布合理	10	分布不合理每一处扣 2 分		
8	使用工具正确、操作姿势正确	10	发现一项不正确扣 2 分		
9	文明生产与安全生产	扣分	违者每次扣 2 分		
总　得　分					

1.2.2　模具零件的钻孔、铰孔、锪孔和攻螺纹

模具零件上有很多不同规格和不同要求的孔,其中一部分孔要在车床、铣床和镗床上加工,另一部分则要由钳工利用钻床来加工。因此,钻孔、扩孔、锪孔和铰孔是模具钳工加工孔的基本操作之一,应用十分广泛。

用钻头在实体材料上进行钻削加工称为钻孔;用钻头或扩孔钻扩大工件上原有的孔称为扩孔;用锪钻刮平孔的端面,将孔端锪成沉孔以及各种形状的加工称为锪孔;用绞刀对孔进行提高孔径尺寸精度和表面质量的精加工称为铰孔,如图 1.3 所示。钳工常用孔加工设备有台钻、立式钻床、摇臂钻床和手电钻等。

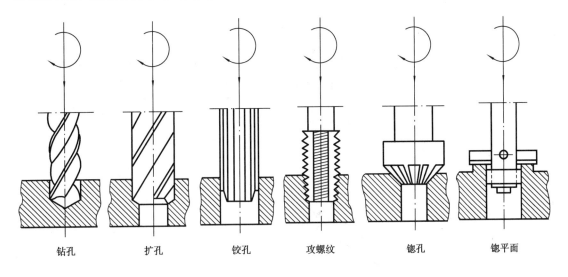

钻孔　　　　扩孔　　　　铰孔　　　攻螺纹　　　　锪孔　　　　锪平面

图 1.3　钻床上进行的主要加工

(1) 钻孔

1) 钻孔方法　常规钻孔方法见表 1.6。

表 1.6　常规钻孔方法

钻孔方法	图　　示	钻孔说明
按划线钻孔		先按图纸划出孔的中心线,并在交点处打上较大的样冲眼,作为钻头尖的导入点。钻孔时,钻头对准样冲眼锪一个小窝,检查小窝与所划的圆孔线是否同心;如果略有偏斜,可移动工件纠正。如果偏移较多或钻孔较大,可用样冲或尖錾在偏移的相反方向錾几条槽再试钻,见图所示。直到试钻的窝位正确后才可正式钻孔。钻通孔时,在将要钻穿前,必须减小走刀量。钻孔深度达到直径 3 倍时,钻头必须经常退出排屑,并注意冷却,防止钻头折断或退火

续表

钻孔方法	图　示	钻孔说明
在圆柱面上钻径向孔	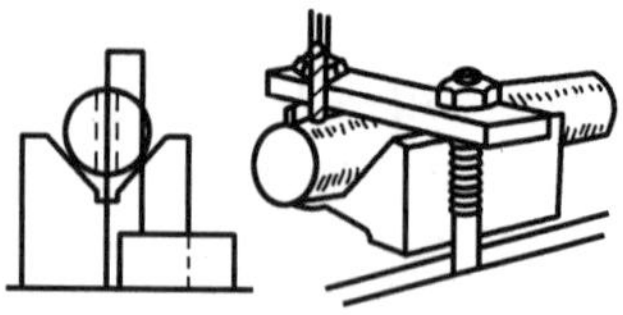	钻孔前先在轴线或套筒类零件的圆柱面上和端面上划好线;在钻夹头内装入钻头或定位工具,使下部进入 V 形铁的槽内,用手转动钻轴找正,使钻轴中心线位于 V 形槽中央,将 V 形铁紧固在钻台上,把工件安装到 V 形铁上,用角尺找正,使工件端面的中心线与钻床台面垂直,将工件夹紧;然后试钻,待位置正确后钻孔
在斜面上钻孔	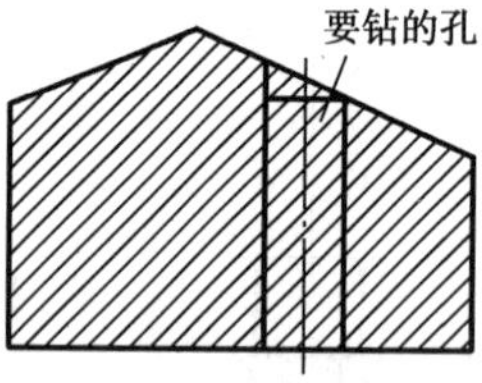	在斜面上用普通钻头钻孔时,为防止钻头单边切削面造成孔偏或折断钻头,必须在钻孔前先錾出或铣出一小平面,然后再用钻头钻孔
钻半圆孔	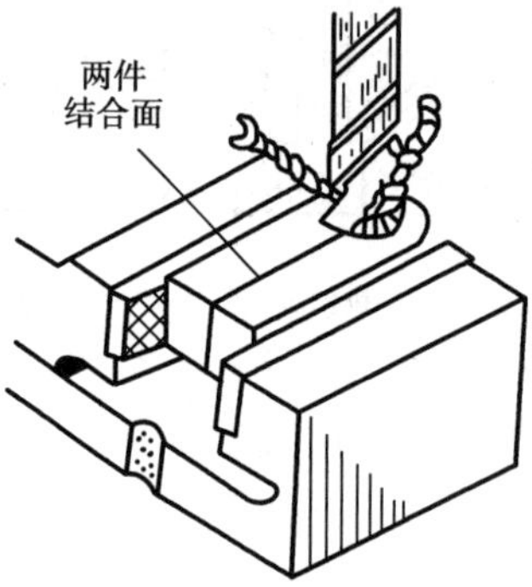	在工件上钻半圆孔,要先用一块与工件材料相同的垫块,将它和工件合并在一起,夹紧在虎钳中,在接合面处打样冲眼,然后钻孔
组合件之间钻孔	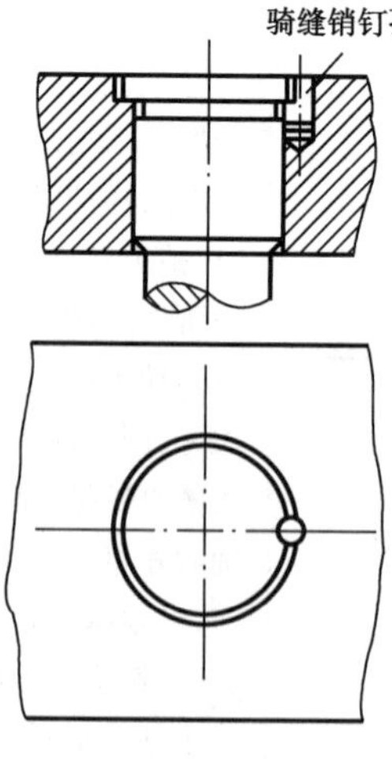	在压入式模柄与上模座间钻骑缝销钉孔,装配模具时,加工两个件的防转销钉即为组合件之间钻孔。钻孔时钻头易向材质软的一边偏斜,故钻孔前先用样冲偏于硬材料一边冲眼,钻孔开始阶段也将钻头往硬材料一边偏,以抵消因材质不同引起的偏移

在加工凹模孔、模套孔、固定板孔、底板漏料孔、模框孔等成型孔时，一般要先去除废料，然后进行型孔精加工。去除废料的方法有许多种，如带锯机去除、立铣去除、钻孔去除等。钻孔去除废料是沿划线轮廓顺序钻孔，如图 1.4 所示，钻孔后，将中间搭边凿断去除废料。侧面加工余量 s 根据后工序加工方法、钻孔直径 d 和工件厚度按表 1.7 确定。

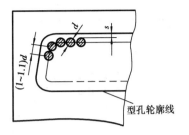

图 1.4　钻孔去除废料

表 1.7　侧面加工余量　　　　　　　　　　/mm

钻孔直径 d	工件厚度	侧面加工余量 s		
		后工序加工方法		
		镗	电火花加工	铣、插
3 ~ 6	<10	4 ~ 0.8	1 ~ 2	2 ~ 3
	10 ~ 25	0.8 ~ 1.5	1.5 ~ 2	2 ~ 5
6 ~ 12	<20	0.8 ~ 1.2	1.5 ~ 2.5	2 ~ 3
	20 ~ 40	1.2 ~ 1.6	1.5 ~ 3	2 ~ 6
12 ~ 16	<40	—	2 ~ 3	2 ~ 3
	40 ~ 80	—	—	3 ~ 8
16 ~ 20	<80	—	—	3 ~ 10
	80 ~ 120	—	—	3 ~ 10

2）钻孔用辅助用具

在模具零件钻孔工作中，为保证质量和便于操作，常用平行夹头、平行垫铁等辅助工具。常用的辅助工具见表 1.8。

表 1.8　常用的辅助工具

辅助工具名称	图　示	说　明
平行夹头		用于临时紧固工件。夹板及螺钉均用 45 钢，淬硬到 HRC43 ~ 48
平行垫铁	Ⅰ型　　Ⅱ型	平行垫铁为各棱边尺寸不相等的六面体，用工具钢制成，淬硬到 HRC52 ~ 57。Ⅰ型两件为一组，Ⅱ型 2 ~ 4 件为一组，用于钻孔时垫在工件下面，还可以利用棱边做角尺使用等

续表

辅助工具名称	图 示	说 明
平口钳	1—底座；2—活动钳口；3—传动螺杆；4，5—螺孔	主要由底座、活动钳口、传动螺杆组成，制造精度较高，用于钻孔时夹持工件

3）钻孔时的冷却与润滑

钻头在切削过程中会产生大量的热量，容易引起切削刃退火，损坏钻头。因此钻孔时，除钻铸铁孔可以不用冷却液外，其他材料一般都应不断地浇冷却液。不同的工件材料，应选用不同的冷却润滑液，见表1.9。

表1.9　钻各种材料用冷却润滑液

工件材料	冷却润滑液	工件材料	冷却润滑液
碳钢、铸钢、可锻铸铁	3% ~5%乳化液，7%硫化乳化液	铸铁	不用或煤油
不锈钢、耐热钢	3%肥皂加2%亚麻油水溶液，硫化切削油	铝合金	不用或煤油
紫铜、黄铜、青铜	5% ~8%乳化液	有机玻璃	5% ~8%乳化液

（2）扩孔

用麻花钻或专用扩孔钻将原有的孔或铸、锻出的孔扩大加工称为扩孔。扩孔钻的切削刃一般有三个或四个，故导向性能好，工作平稳。扩孔钻没有横刃，轴向切削力小，不易偏斜，因而可获得较高的尺寸精度和表面质量。

扩孔的切削速度为钻孔的1/2，进给量为钻孔的1.5~2倍。扩孔前的底孔先用0.5~0.7倍的钻头预钻，再用等于本工序孔径的扩孔钻扩孔，见图1.5。除了铸铁和青铜材料外，其他材料的工件扩孔时都要使用冷却润滑液。

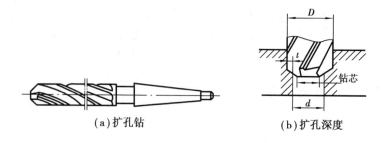

（a）扩孔钻　　　　　　（b）扩孔深度

图1.5　扩孔

（3）铰孔

利用铰刀将已钻或扩出的孔进行精加工叫做铰孔。如模具零件中的销钉孔就是通过铰孔来达到精度要求的。

1)铰刀的种类和应用

铰刀的种类和应用见表1.10。

表1.10 铰刀的种类和应用

铰刀的种类	图 示	说 明
整体圆柱铰刀	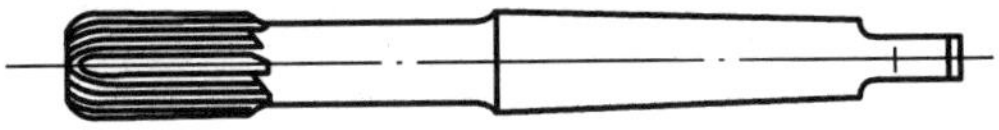 (a)机用铰刀 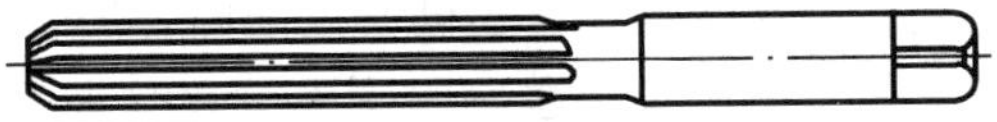 (b)手用铰刀	整体圆柱铰刀有手用和机用两种。机用铰刀如图(a)所示,一般用高速钢或硬质合金制造,多为锥柄,装在钻床或车床上进行铰孔;手用铰刀如图(b)所示,可用碳素工具钢制造,尾部为直柄,工作部分较长
螺旋槽手用铰刀		这种铰刀铰孔时,切削平稳,铰出的孔光滑,不会像普通铰刀那样产生纵向刀痕。比较适合铰有键槽的断续孔。铰刀的螺旋槽方向一般是左旋,以避免铰削时因铰刀的正向旋转而产生自动旋进的现象,左旋的刀刃容易使铰下的切屑被推出孔外
可调节手用铰刀	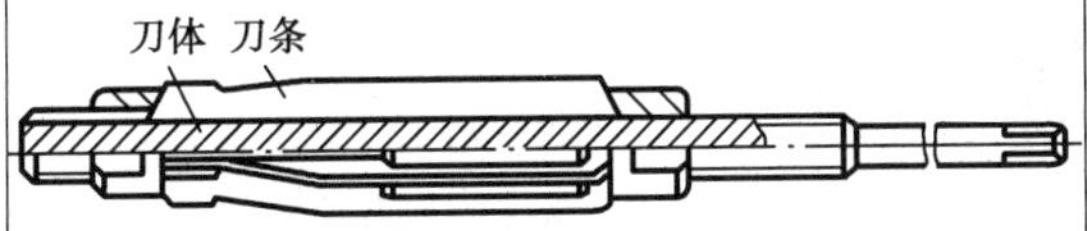 刀体 刀条 	在刀体上有六条斜底槽,具有同样斜度的刀片嵌在槽里。利用前后两个螺母压紧刀片的两端。调节两端的螺母,可改变铰刀的直径,以适应加工不同孔径的需要。它适用于修配、单件生产以及在尺寸特殊情况下铰削通孔
整体圆锥铰刀	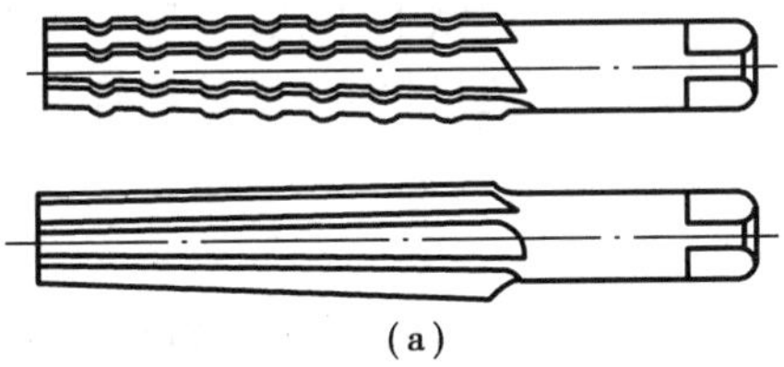 (a) 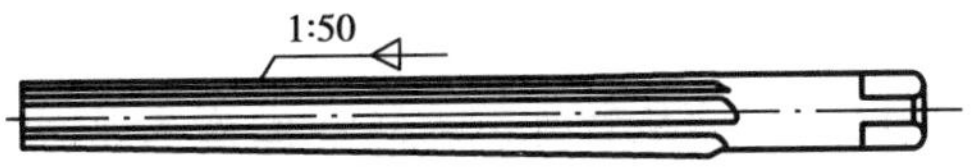 1:50 (b)	这种铰刀用于铰削圆锥孔。其切削部分的锥度有1:50,1:30,1:10和莫氏锥度等几种

2)铰孔的方法

机铰刀一般用于车床和钻床上进行铰孔;手铰刀则用铰手进行铰孔,如图1.6所示。

①铰削余量。铰孔的前道工序,必须留有一定的加工余量,供铰孔加工。铰孔加工余量适当,铰出的孔壁光洁。如果余量过大,容易使铰刀磨损,影响孔的表面粗糙度,还会出现多边

形;当余量太小时,铰刀的啃刮很严重,增加了铰刀的磨损。因此要留有合理的铰削余量,表1.11列出了铰削余量的范围。

表 1.11　铰削余量　　　　　　　　/mm

铰孔直径	<5	5~20	21~32	33~50	51~70
铰削余量	0.1~0.2	0.2~0.3	0.23	0.5	0.8

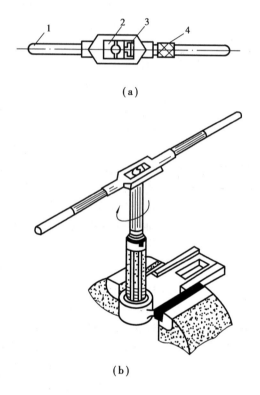

图 1.6　手工铰孔
1—固定手柄;2—固定块;3—接头;4—活动手柄

②机铰的切削速度和进给量

在机铰铰削时,切削速度和进给量要选择适当,不能单纯为了提高效率而选用过大,否则容易磨损,容易产生积瘤,而影响加工质量。但进给量也不能太小,因切削厚度太小,不仅不能去掉上道工序留下的加工痕迹,而且很难切下材料,同时以很大的压力推压被切削材料,结果被碾压过的材料就会产生塑性变形和表面硬化,严重破坏表面质量,也加快了铰刀的磨损。

使用普通高速钢机铰刀,当工件材料为铸铁时,切削速度不应超过 10 m/min,进给量在0.8 mm/r左右;当加工材料为钢材时,切削速度不应超过 8 m/min,进给量在 0.4 mm/r左右。

③冷却润滑液

正确使用冷却润滑液对铰孔质量和铰刀的寿命都有很大的影响。在钢料上铰孔时,一般用乳化液、硫化油或菜油润滑冷却。在铸铁上铰孔,一般不加冷却润滑液。如要求质量较高,可采用煤油。在青铜或铝合金上铰孔,可加菜油或煤油。

3)模具零件铰孔

模具制造中的铰孔主要有销钉孔,安装圆形凸模、型芯或顶杆等的孔,冲裁模刃口直径或锥孔。

①销钉孔的铰孔

a.在两种硬度不同材料上铰销钉孔时,应从较硬的材料一面铰入,如果从较软材料的一面铰入,孔易扩大,如图1.7所示。

b.通过淬硬件的孔铰孔时(图1.8),首先应检查淬硬件是否因热处理而变形,如有变形应将变形的孔用标准硬质合金铰刀或用如图1.9所示的硬质合金无刃铰刀进行铰孔;也可将变形的孔用旧铰刀铰孔,然后用铸铁研磨棒研至正确尺寸。

c.铰不通孔时,先用标准铰刀铰孔,然后用磨去切削部分的旧铰刀铰孔的底部。

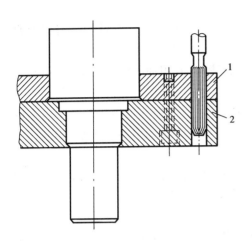

图1.7　不同材料上铰销钉孔

1—固定板(软材料);2—上模座(铸铁)

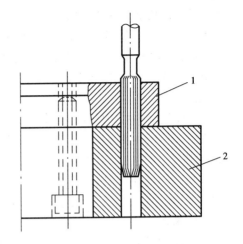

图1.8　通过淬硬件孔铰孔

1—凹模(淬硬);2—模座(铸铁)

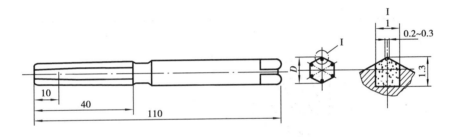

图1.9　硬质合金无刃铰刀

②安装圆形凸模、型芯或顶杆等孔的铰孔。这类孔的铰孔按一般方法进行即可。

③冲裁模刃口锥孔的铰孔。凹模刃口锥孔如图1.10所示,一般锥度较小($3' \sim 2°$),无标准铰刀时可根据锥度要求特制专用无刃锥度铰刀,其截面形状一般为半圆形、三角形、四方形和五角形。刃口锥孔直径的大小直接影响冲模的冲裁间隙,在铰孔时,应随时用内径千分尺或用游标卡尺测量孔径尺寸,同时还应边铰边用凸模去配,以保证合理的冲裁间隙。

4)铰孔注意事项

a.要选择好、检查好所要使用的铰刀。机铰时要注意机床主轴、铰刀和工件三者的同轴性。

b.工件要夹正,对薄壁孔工件要注意夹持力度,避免夹变形。待铰的孔必须与水平垂直。

c.手铰过程中,两手用力要平稳,旋转铰手的速度要均匀,铰刀不得摇摆,以保持铰削的稳定性,避免出现口部铰成喇叭口。

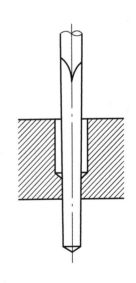

图1.10　凹模刃口锥孔

d.注意每次变换铰刀的位置,以消除铰刀常在一处停歇而造成的振痕。

e.铰刀进给时,不要猛力压铰手,要随着旋转轻轻加压铰手,使铰刀缓慢引进孔,并均匀地进给,以保证孔壁良好的粗糙度。

f. 铰刀不准反转,退出时也要按顺时针旋转。因为反转会使切屑扎在孔壁和铰刀刀齿的后刀面之间,将孔壁刮毛。同时铰刀也容易磨损,甚至崩刀。

g. 铰削钢材时切屑碎末容易粘在刀齿上,要经常注意清除,并用油石修光刀刃,以免孔壁被拉毛。

h. 铰削过程中,如果铰刀被卡住,千万不要猛力拔转铰手,以防损坏铰刀。此时应用木棒轻敲铰刀小端部,慢慢把铰刀取出。然后清理孔壁,检查铰刀,用油石把孔壁的刀痕修光滑,继续缓慢进给,以防在原处卡住。

i. 机铰时要在铰刀退出后再停车,否则孔壁有刀痕,退刀时把孔拉毛。铰通孔时,铰刀的校准部分不能全部出头,否则孔的下端要刮坏,再退出时也显得困难。

(4)锪孔

在模具装配中,用沉头螺钉紧固应用十分广泛,因而模具零件沉孔加工量较大。用锪孔钻将孔口加工成需要的形状(如倒角、加工容纳圆柱头或圆锥形螺钉头的沉孔以及孔口端面等)叫锪孔。常用的锪钻有圆柱形沉孔锪钻、锥形锪钻和端面锪钻等。锪孔方法见表1.12。

表 1.12　锪孔方法

锪孔项目	图　示	说　明
锪圆柱形沉孔	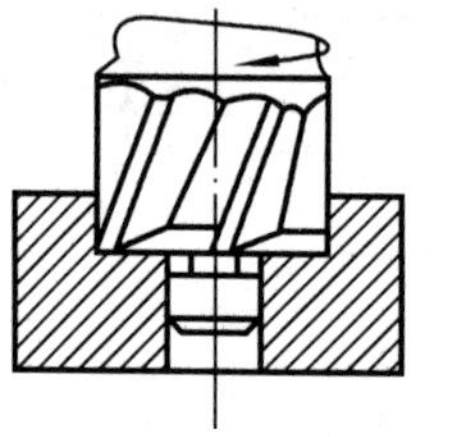	锪钻前端有导柱,导柱直径与已有孔采用 H8/f7 间隙配合,以保证定心和导向
锪圆锥形沉孔	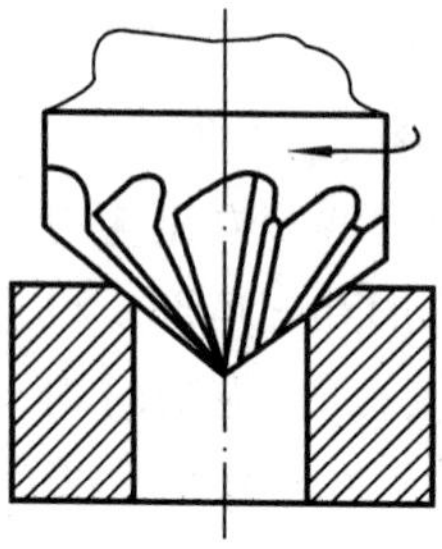	它的锥角有 60°,75°,90°,120° 四种,刀刃有 6~12 条
锪孔口端面	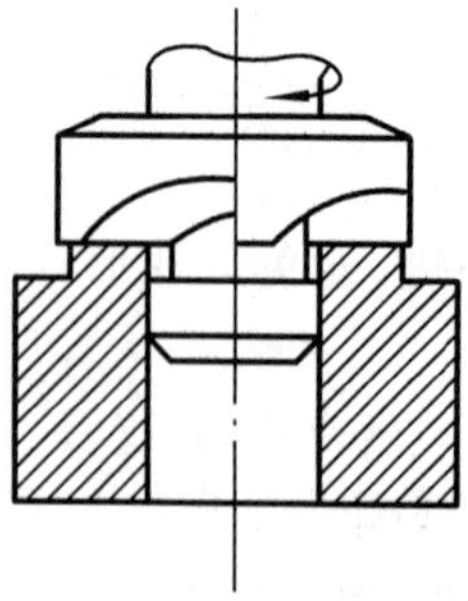	用于锪与孔口垂直的端面

（5）**攻螺纹**

用丝锥在孔内切削出内螺纹称为攻螺纹(攻丝)。

1）丝锥　由切削部分、校准部分和柄部组成,如图1.11所示。丝锥用碳素工具钢或高速钢制成,并经淬火处理。

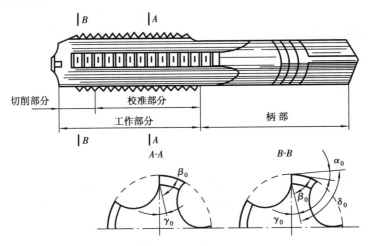

图1.11　丝锥构造

2）丝锥的种类　丝锥是切削内螺纹的标准刀具,分为手用丝锥、机用丝锥和管子丝锥三种。手用和机用丝锥均有粗牙、细牙之分。管子丝锥又有圆管螺纹丝锥、圆锥螺纹丝锥之分。

①手用丝锥

攻较小的通孔螺纹时,可以用头攻丝锥一次攻成。当螺孔尺寸较大或是盲孔时,为减轻攻丝时的切削力,宜采用成组丝锥加工。手用丝锥通常由两把或三把组成一组(图1.12),通常M6~M24的丝锥为两把一组;M6以下或M24以上为三把一组;细牙丝锥均为两把一组。使用时,顺序使用头攻、二攻和三攻。

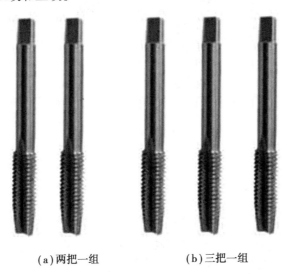

(a)两把一组　　　　　(b)三把一组

图1.12　成组丝锥

②机用丝锥

使用时装在机床上,靠机床运动来攻丝。由于机床扭矩大,常用一把丝锥完成攻丝。但当工件直径较大或加工硬度高及韧性好的材料或盲孔时,应采用成组丝锥依次加工。直径较大的机用丝锥部分常用高速钢制造,柄部可用结构钢制造,两者堆焊在一起,以节省工具钢材料。

3)攻丝扳手(绞杠)　手用丝锥攻螺纹时,一定要用扳手(绞杠)夹持丝锥。扳手分为普通式(图1.13)和丁字式(图1.14),各类扳手又可分为固定式和活络式两种。固定式扳手的两端是手柄,中间方孔适合于一种尺寸的丝锥方尾。它只适用于经常攻一定大小的螺纹;活络式扳手(可调节式扳手)方孔尺寸经调节后,可适合不同尺寸的丝锥方尾,使用很方便。常用丝锥扳手规格见表1.13。

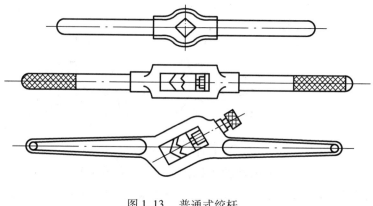

图1.13　普通式绞杆

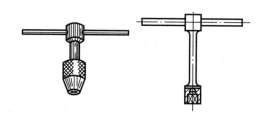

图1.14　丁字式绞杆

表1.13　常用扳手规格

丝锥直径/mm	≤6	8～10	12～14	≥16
扳手长度/mm	150	200～250	250～300	400～450

4)攻丝的方法

①攻丝前螺纹底孔直径及深度的确定。

攻丝时,丝锥对金属既有切削作用又有挤压作用。如果螺纹底孔与内径一致,攻丝时金属会咬住丝锥,造成丝锥损坏和折断。若螺纹底孔直径过大,又会使攻出的螺纹不足,而造成废品。因此攻丝前要确定正确的螺纹底孔直径。确定螺纹底孔直径的方法有查表法和计算法。

• 计算法确定底孔直径

常用公制螺纹底孔直径确定的计算公式:

攻丝的材料为钢及韧性金属

$$D \approx d - t \tag{1.1}$$

攻丝的材料为铸铁及脆性金属

$$D \approx d - (1.05 \sim 1.1)t \tag{1.2}$$

式中　D——底孔直径(钻头直径),mm;

　　　d——螺纹公称直径,mm;

　　　t——螺距,mm。

· 攻盲螺纹底孔深度的确定

盲孔(不通孔)攻丝时,由于丝锥切削刃部分攻不出完整的螺纹,所以钻孔深度应超过所需的螺纹孔深度。钻孔深度是螺纹深度加上螺纹外径 d 的 0.7 倍。因此,钻孔深度的计算公式为

$$钻孔深 = 需要的螺纹孔深度 + 0.7d \tag{1.3}$$

②攻丝的操作步骤见表1.14。

表1.14　攻丝的步骤

攻丝步骤与操作方法	图　示	说　明
钻底孔	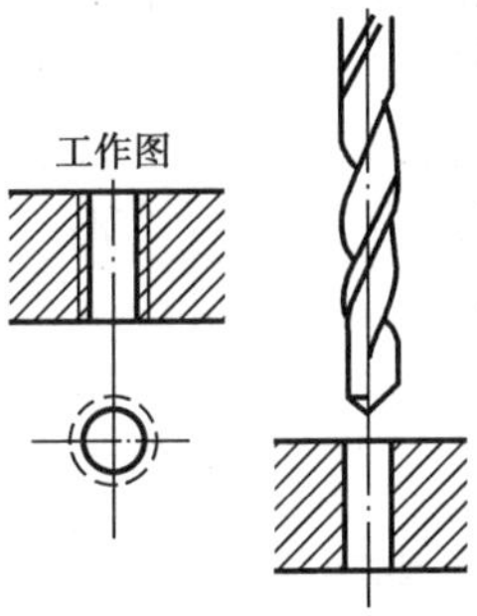 工作图	根据螺纹要求,通过计算或者查表确定钻孔直径和深度,选用合适的钻头钻出底孔
锪倒角	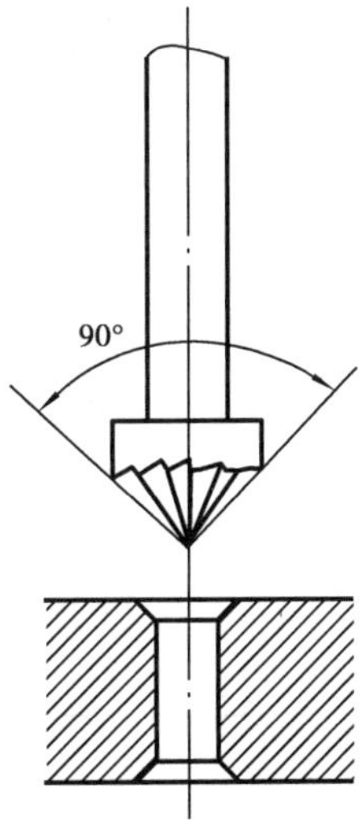 90°	钻孔的两面孔口用90°锪钻倒角,使倒角的最大直径和螺纹的公称直径相等。这样,丝锥容易切入,最后一道螺纹也不至于在丝锥穿出来时崩裂

续表

攻丝步骤与操作方法	图 示	说 明
头攻丝锥攻丝	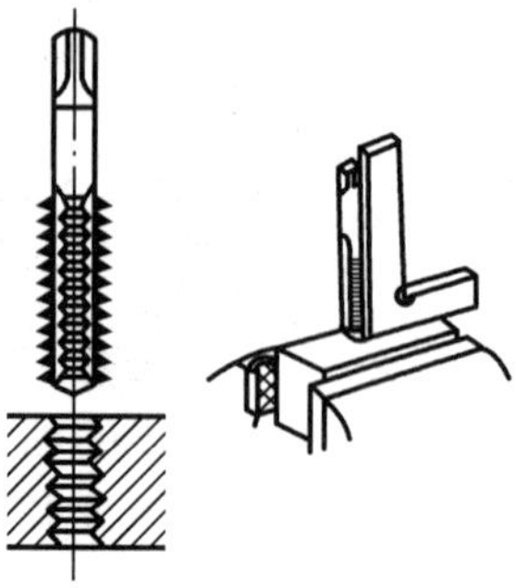 (a)　　　　(b)	选择合适的扳手和丝锥,先用头攻攻丝,粗攻出螺纹,见图(a)。要尽量把丝锥放正,然后两手用力要轻而均匀,以适当的压力和扭力把丝锥切入孔内。当切入1～2圈时,再仔细观察和校正丝锥的位置。可用肉眼观察或用角尺检查丝锥的垂直度,见图(b)。一般在切入3～4圈时,丝锥已正确导入孔内,此时可不必再使用压力,只施加扭力即可攻丝,否则丝锥将被损坏或折断
二攻、三攻丝锥攻丝	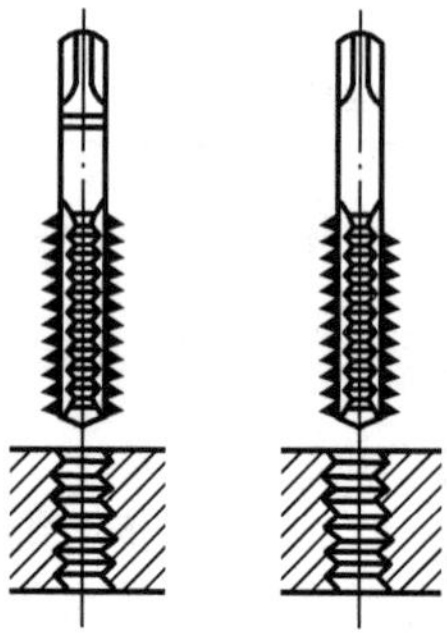	当头攻丝锥切削完后,继续用二攻或二攻、三攻丝锥修光螺纹。二攻、三攻时,必须用手旋进头攻过的螺纹中,使其深度达到良好的引导后,再用扳手。按照上诉方法,前后旋转,直到攻丝完成为止
攻丝操作方法与攻丝注意事项	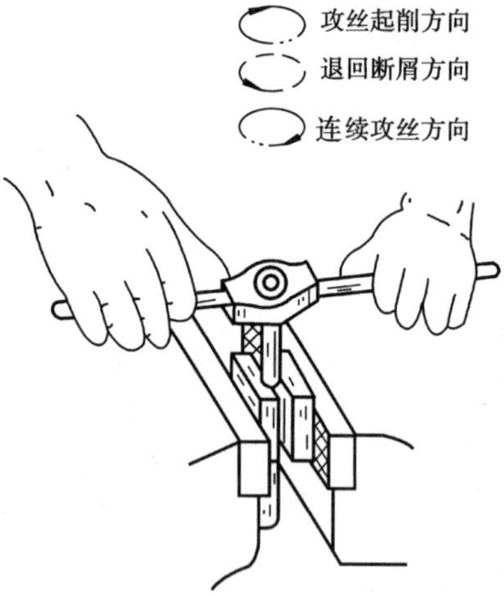 攻丝起削方向 退回断屑方向 连续攻丝方向	攻丝过程中,旋扭(切削)的方向为顺时针,每扭转1/2～1周,就要倒退1/4周,以使切屑断裂并从屑槽中排出,当出现扭转回应力(不能再前进而感到扳手有弹性)时,要停止用力,退出并更换丝锥,以防丝锥折断。 深孔、盲孔攻丝时,必须随时旋出丝锥,清除丝锥和底孔的切屑。盲孔中的切屑,可用带磁性的钢丝把切屑吸出来。盲孔的深度,即丝锥应攻入的长度,要有标记,并做到心中有数,防止丝锥已攻到盲孔尽头还继续攻而造成丝锥折断。 韧性材料的螺孔或螺孔质量要求较高时,要选用适宜的冷却润滑液

(6)套螺纹

用板牙在圆柱体上切削出外螺纹,称为套螺纹(套扣)。

1)板牙及板牙架

板牙是加工外螺纹的工具,它用合金工具钢或高速钢制造并经淬火处理而成。

板牙构造由切削部分、校准部分和排屑孔组成,如图1.15所示。

（a）圆板牙　　　　　　　　　（b）六方板牙

图1.15　板牙

板牙架是装板牙的工具,图1.16所示是装圆板牙的板牙架,板牙放入后用螺钉紧固。

2）套螺纹前圆杆直径的确定

套螺纹与攻丝一样,是用板牙在圆杆上套出螺纹,工件材料被切削的同时也会因受挤压而凸出,所以套螺纹前的圆杆直径应比螺纹大径小,一般圆杆直径用下式计算:

$$d_{\mathrm{g}} = d - 0.13t \tag{1.4}$$

式中　d_{g}——套螺纹前圆杆直径,mm;

　　　d——螺纹大径(公称直径),mm;

　　　t——螺距,mm。

对于软质、韧性材料,d_{g}值可以稍小些。

3）套螺纹的操作方法与注意事项

①为使板牙容易对准和切入材料,圆杆端部要倒出15°~30°的锥角,如图1.17所示。

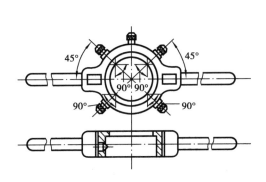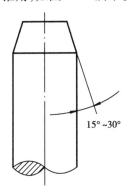

图1.16　圆板牙架　　　　　　　　　图1.17　圆杆倒角

②套螺纹前将圆杆夹持在软虎钳口内,夹正夹牢,防止损伤工件的精加工表面。

③开始套螺纹时,将装在板牙架内的板牙套在圆杆上,使板牙端面与圆杆轴线垂直。然后加轴向压力,并顺时针转动板牙,当切出1~2扣螺纹时,两手只做旋转,不必加轴向压力,即可将螺杆套出。

④套螺纹过程与攻丝一样,每旋转1/2~1周要倒旋1/4周,以便断屑。

⑤为保持板牙良好的切削性能,保证螺纹光滑,应根据材料性质适当选择冷却液。

4)钻、锪、铰孔及攻螺纹练习及成绩评定

孔加工综合练习见图1.18,按表1.15内项目训练并记录成绩。

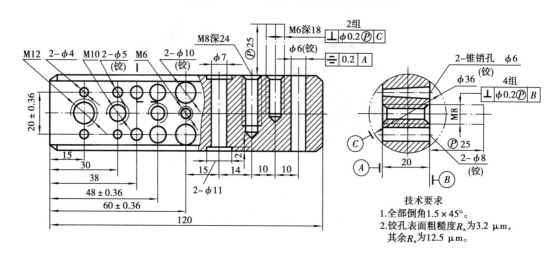

图1.18　孔加工综合练习

表1.15　钻、锪、铰孔及攻螺纹练习及成绩评定

教学要求:1.掌握在钢件上及圆弧面上钻、锪、铰孔及攻螺纹; 　　　　　2.熟练掌握钻头的刃磨技能,能攻好不通孔螺纹,按划线钻孔能达到一定的位置精度要求; 　　　　　3.达到加工表面粗糙度要求,孔口倒角正确,加工表面无损伤。								
项次	项目与技术要求			实测记录			单次配分	得　分
1	孔距尺寸要求(±0.36 mm)(8处)						16	
2	$\phi 6$ mm 孔的对称度0.2 mm						4	
3	垂直度$\phi 0.2$(6处)						12	
4	锥销孔$\phi 6$ mm 与锥销配合正确(2孔)						4	
5	$\phi 11$ mm 沉孔深(2±0.5)mm(2处)						4	
6	M8 深(24±3)mm						2	
7	M6 深(18±3)mm						2	
8	螺孔倒角正确(6孔)						12	
9	2-$\phi 10$ mm 孔口倒角正确(2孔)						4	
10	$\phi 17$ mm、$\phi 9.8$ mm 钻头刃磨正确(2支)						10	

项次	项目与技术要求	实测记录		单次配分	得 分
11	工具使用正确			20	使用不当每次扣2分,严重损坏每件扣5分
12	时间定额:6 h	开始时间		10	每超过30 min扣5分
		结束时间			
		实际工时			
13	文明生产与安全生产				违者每次扣2分
总 得 分					

1.3 模具零件的研磨和抛光

塑料、压铸等模具的型腔、凸模、型芯等型面,其加工表面粗糙度 R_a 要求均小于0.2 μm。但由于多数型面形状复杂,大部分是由立铣、仿形铣、车、磨、电加工等机床加工的,加工表面都留有各种机床的加工痕迹,不能直接达到所需的粗糙度要求。因此,必须用手工方式进行研磨与抛光,去除加工痕迹。

在模具制造过程中,形状加工后的平滑加工和镜面加工称为零件表面的研磨与抛光加工。其目的如下:

1)提高塑料模具凹模型腔的表面质量,以满足塑件表面质量与精度要求。

2)提高塑料模具浇注系统、流道的表面质量,以降低注射的流动阻力。

3)使塑件易于脱模。

4)提高模具接合面精度,防止树脂渗漏,提高模具尺寸精度及形状精度,相对地也提高了塑料制品的精度。

5)对产生反应性气体的塑料进行注塑成型时,模具表面状态良好,具有防止被腐蚀的效果。

6)在金属塑性成型加工中,防止出现黏结和提高成型性能,并使模具工作零件型面与工件之间的摩擦和润滑状态良好。

7)去除电加工时所形成的熔融再凝固层和微裂痕,以防止在生产过程中此层脱落而影响模具精度和使用寿命。

8)减少了由于局部过载而产生的裂纹或脱落,提高了模具工作零件的表面强度和模具寿命,同时还可以防止产生锈蚀。

1.3.1 模具的研磨

(1)研磨的加工机理

研磨加工时,在研具和工件表面之间存在有分散的磨料或研磨剂,在两者之间施加一定的

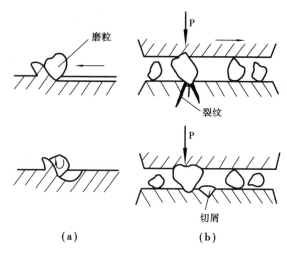

图 1.19　研磨时模粒的切割作用

压力,并使其产生复杂的相对运动,这样经过磨粒的切削作用和研磨剂的化学和物理作用,在工件表面上即可去掉极薄的一层,获得较高的尺寸精度和较低的表面粗糙度。磨粒的作用如图 1.19(a)所示,分滑动切削作用和滚动切削作用两类。前者磨粒基本固定在研具上,靠磨粒在工件表面上的滑移进行切削;后者磨粒基本上是自由状态的,在研具和工件间滚动,靠滚动来切削。在研磨脆性材料时,除上述作用外,还有如图 1.19(b)所示的情况,磨粒在压力作用下,使加工面产生裂纹,随着磨粒的运动,裂纹不断地扩大、交错,以至形成碎片,成为切屑脱离工件。

　　研磨时的金属去除过程,除磨粒的切削作用外,还经常由于化学或物理作用所引起。在湿研磨时,所用的研磨剂内除了有磨粒外,还常加有油酸、硬脂酸等酸性物质。这些物质会使工件表面形成一层很软的氧化物薄膜,钢铁成膜时间只要 0.05 s,凸点处的薄膜很容易被磨粒去除,露出的新鲜表面很快地继续被氧化,继续被去掉,如此循环,从而加速了去除的过程。除此之外,研磨时在接触点处的局部高温高压,也有可能产生局部挤压作用,使高点处的金属流入低点,降低了工件表面粗糙度值。

　　(2)**研磨的分类**

　　1)湿研磨

　　湿研磨即在研磨过程中将研磨剂涂抹在研具或工件上,用分散的磨粒进行研磨,这是目前最常用的研磨方法。研磨剂中除磨粒外还有煤油、机油、油酸、硬脂酸等物质。磨粒在研磨过程中有的嵌入了研具,极个别的嵌入了工件,但大部分存在于研具与工件之间,如图 1.20(a)所示。此时磨粒的切削作用以滚动切削为主,生产效率高,但加工出来的工件表面一般没有光泽。加工的表面粗糙度一般可达到 0.025 μm。

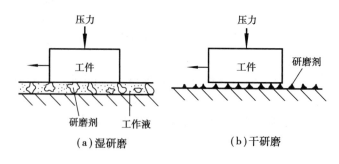

图 1.20　湿研磨与干研磨

　　2)干研磨

　　干研磨即在研磨以前,先将磨粒压入研具,用压砂研具对工件进行研磨。这种方法一般在研磨时不加其他物质,进行干研磨,如图 1.20(b)所示。磨粒在研磨过程中基本固定在研具上,它的切削作用以滑动切削为主。磨粒的数目不能很多,但均匀地压在研具的表面上形成很薄的一层,在研磨的过程中始终嵌在研具内,很少脱落。这种方法的生产效率不如湿研磨,但可以达到很高的尺寸精度和很低的表面粗糙度值。

(3)**磨料**

1)磨料的种类

磨料的种类很多,一般是按硬度来划分的。硬度最高的是金刚石,包括人造金刚石和天然金刚石两种;其次是碳化物类,如黑碳化硅、绿碳化硅、碳化硼和碳硅硼等;再次是硬度较高的刚玉类,如棕刚玉、白刚玉、单晶刚玉、铬刚玉、微晶刚玉、黑刚玉、皓刚玉和烧结刚玉等;硬度最低的是氧化物类(又称软质化学磨料),有氧化铬、氧化铁、氧化镁及氧化铈等。上述是一般的分类方法,但也有的按天然磨料和人造磨料来分类。然而,由于天然磨料存在着杂质多、磨料不均匀、售价高、优质磨料资源缺乏等限制。因而,目前几乎全部使用人造磨料。常用磨料的种类及用途见表 1.16。

表 1.16 常用磨料的种类及用途

系 列	磨料名称	代号	颜 色	硬度和强度	用 途	
					工件材料	应用范围
金刚石系	人造金刚石	—	灰色至黄白色	最硬	硬质合金、光学玻璃	粗研磨、精研磨
	天然金刚石	—				
碳化物系	黑碳化硅	C	黑色半透明	比刚玉硬,性脆而锋利	铸铁、黄铜	
	绿碳化硅	GC	绿色半透明	较黑碳化硅硬而脆	硬质合金	
	碳化硼	BC	灰黑色	比碳化硅硬而脆	硬质合金、硬珞	
刚玉类	棕刚玉	A	棕褐色	比碳化硅稍软,韧性好,能承受较大压力	淬硬钢及铸铁	
	白刚玉	WA	白色	硬度比棕刚玉高,而韧性稍低,切削性能好		
	铬刚玉	PA	紫红色	韧性比白刚玉高		
	单晶刚玉	—	透明、无色	多棱,硬度高,强度高		
氧化物	氧化铬	—	深绿色	质软	淬硬钢、铸铁、黄铜	极细的精研磨(抛光)
	氧化铁	—	铁红色	比氧化铬软		
	氧化镁	—	白色	质软		
	氧化铈	—	土黄色	质软		

2)磨料的粒度

磨料的粒度是指磨料的颗粒尺寸。磨料可按其颗粒尺寸的大小分为粗磨粒和微粉两组,其中粗磨粒系列分为 26 个粒度号,代号用 F 表示,即"F4~F220";微粉系列分为 11 个粒度号,代号也用 F 表示,即"F230~F1200"。在各种磨料的粒度中又有粗、中、细不同的颗粒。中粒是研磨粉中的基本粒度,是决定磨料研磨能力的主要因素,在粒度组成中占有较大的比例。

有关粗磨粒和微粉的粒度分类、颗粒尺寸范围及主要用途见表 1.17(表 1.17 中没有列出粒度由 F4 ~ F80 的磨粒组,这是因为它们的颗粒尺寸较大,不适于作研磨加工的磨料。

表 1.17　磨料的粒度分类及主要用途

组　别	粒度号数	折合筛孔号	颗粒尺寸/μm	用　途
粗磨粒	F90	—	150 ~ 125	磨具 砂布 砂纸 粗研磨
	F00		125 ~ 100	
	F120		100 ~ 80	
	F150		80 ~ 63	
	F180		63 ~ 50	
	F220		50 ~ 40	
微粉	F320	320	40 ~ 28	粗研磨 半精磨 精研磨
	F400	400	28 ~ 20	
	F500	500	20 ~ 14	
	F600	600	14 ~ 10	
	F800	800	10 ~ 7	
	F1000	1000	5 ~ 3.5	
	F1200	1200	3.5 ~ 0.5	

3)磨料的硬度

磨料的硬度是磨料的基本特性之一,它与磨具的硬度是两个截然不同的概念。磨料的硬度是指磨料表面抵抗局部外作用的能力,而磨具(如油石)的硬度则是粘结剂粘结磨料在受外力时的牢固程度。较硬的物体可以在较软的物体上划出痕迹,即能破坏它的表面。研磨的加工就是利用磨料与被研工件的硬度差来实现的,磨料的硬度越高,它的切削能力越强。

4)磨料的强度

磨料的强度是指磨料本身的牢固程度。也就是当磨粒锋刃还相当尖锐时,能承受外加压力而不被破碎的能力。强度差的磨料,它的磨粒粉碎得快,切削能力低,使用寿命低。这就要求磨粒除了具有较高的硬度外,还应具有足够的强度,才能更好地进行研磨加工。

(4)研磨剂

研磨剂是磨料与润滑剂合成的一种混合剂,常用的研磨剂有液体和固体(或膏类)两大类。

1)液体研磨剂

液体研磨剂是由研磨粉、硬脂酸、航空汽油、煤油等配制而成。

一种常用的研磨剂配方如下:

白刚玉粉 F1200	15 g
硬脂酸	8 g
航空汽油	200 ml
煤油	35 ml

其中,磨料主要起切削作用。硬脂酸溶于汽油中,可增加汽油的粘度,以降低磨料的沉

淀速度,使磨粒更易均布。此外,在研磨时,硬脂酸还有冷却润滑和促进氧化的作用;航空汽油主要起稀释作用,将磨粒聚团稀释开,以保证磨粒的切削性能;在这里煤油主要起冷却润滑作用。

2)固体研磨剂

固体研磨剂是对研磨膏而言的,常用的有抛光用研磨膏、研磨用研磨膏、研磨硬性材料(如硬质合金等)用研磨膏三大类。一般是选择多种无腐蚀性载体(如硬脂酸、硬脂、硬蜡、三乙醇胺、肥皂片、石蜡、凡士林、聚乙二醇硬脂酸脂、雪花膏等)加不同磨料来配制研磨膏。

(5)研磨方法

1)平面研磨

一般平面研磨,主要用研磨平板(图1.21)来进行,研磨平板分为有槽和无槽两种。有槽的用于粗研,无槽的用于精研。其研磨方法如图1.22所示,工件平板全部按螺旋形、8字形或仿8字形轨迹进行研磨。研磨工件时手压要均匀,压力大小应该适中,研磨速度也不应过快,过快会引起工件发热、降低研磨质量。在一般情况下,粗研磨每分钟往复40~60次,精研每分钟往复20~40次。

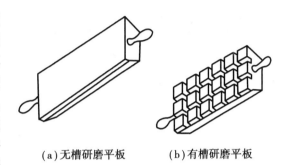

(a)无槽研磨平板　　(b)有槽研磨平板

图1.21　研磨平板

2)圆柱面研磨

圆柱面主要用研磨环和研磨棒研磨。研磨环(图1.23)主要用于研磨外圆柱面,如型芯、导柱表面研磨;研磨棒(图1.24)主要用于研磨圆柱孔,如凹模、导套内表面研磨;圆柱面研磨一般是手工与机器配合进行研磨,如外圆柱面的研磨,如图1.25。工件由车床带动,其上均匀涂布研磨剂(研磨膏),用手推动研磨环,通过工件的旋转和研磨环在工件上沿轴线方向做往复运动进行研磨。一般工件旋转,在直径小于80 mm时为100 r/min;直径大于100 mm时为50 r/min。研磨环的往复移动速度,可根据工件研磨时出现的网格来控制,当出现45°交叉网纹时,说明研磨环的移动速度适宜。

(a)螺旋研磨轨迹　　(b)仿8字研磨轨迹

图1.22　平面研磨

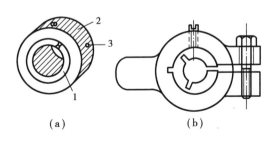

(a)　　　　　　(b)

图1.23　研磨环

1—开口调节环;2—外环;3—调节螺孔

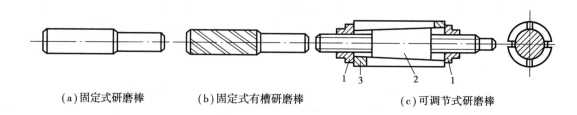

（a）固定式研磨棒　　　（b）固定式有槽研磨棒　　　（c）可调节式研磨棒

图 1.24　研磨棒
1—调节螺钉;2—锥度心轴;3—开槽研磨套

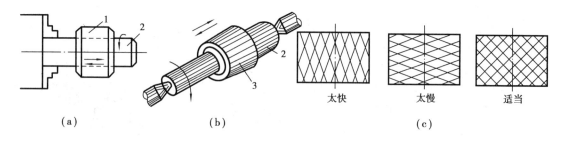

（a）　　　　　　　　（b）　　　　　　　　（c）

图 1.25　外圆柱研磨
1,3—研磨环;2—工件

3）圆锥面研磨

工件圆锥表面的研磨,包括圆锥孔和外圆锥面的研磨。研磨时必须要用与工件锥度相同的研磨棒或研磨环,研磨一般在车床或钻床上进行,转动方向应和研磨棒螺旋方向相适应。在研磨棒或研磨环上均匀地涂上一层研磨剂,插入工件锥孔中或套进工件的外锥表面旋转 4 ~ 5 圈后,将研具稍微拔出一些,然后再推入研磨,如图 1.26 所示。研磨到接近要求时,擦干研具和工件,直到被加工表面呈银灰色发光为止。

图 1.26　圆锥面研磨

4）成型表面研磨

● 用油石研磨

当型面存在较大的加工痕迹时,油石粒度可用 320# 左右,硬度可按图 1.27 选用。硬的油石会加深痕迹。研磨时需要使用研磨液,研磨液在研磨过程中起调和磨料的作用,使磨料分布均匀,也起润滑作用和冷却作用。常用的研磨液是 10# 机油,精研时可用 10# 机油一份,煤油 3 份,透平油或锭子油少量,轻质矿物油或变压器油适量。研磨过程中应经常将油石和零件加以清洗,否则会由于发热胶着和堵塞而降低研磨速度。

应根据研磨面大小选择适当大小的油石,以便使油石能够纵横交叉移动。油石要经常修磨以保持平整或保持所需形状。

● 用砂纸研磨

研磨用砂纸有氧化铝、碳化硅、金刚石砂纸，研磨用砂纸粒度采用 60 ~ 600 目。研磨时可用比研磨零件材料软的竹或硬木压在砂纸上进行，研磨液可使用机油。研磨过程中必须经常将砂纸与研磨零件清洗，并逐步改变砂纸的粒度。

● 用砂粒研磨

用油石和砂纸不能研磨的细小部分或文字、花纹等，可在研磨棒上用油粘上砂粒进行研磨。对凹的文字、花纹可将砂粒粘在工件上用铜刷反复刷擦。砂粒有氧化铝、碳化硅、金刚石等。

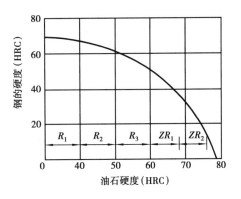

图 1.27　油石的选用

● 用研磨膏研磨

可用竹棒、木棒作为研磨工具粘上研磨膏进行或用抛轮粘上研磨膏进行。研磨膏在使用时要用煤油或机油稀释。研磨膏的成分及应用见有关部分内容。

5) 研磨运动轨迹

研磨时，研具与工件之间所作的相对运动，称为研磨运动。在研磨运动中，研具（或工件）上的某一点在工件（或研具）表面上所走过的路线，就是研磨运动的轨迹。研磨时选用不同的运动轨迹能使工件表面各处都受到均匀的研削。

研磨运动应满足以下几点要求：

● 研磨运动应保证工件均匀地接触研具的全部表面，这样可使研具表面均匀受载、均匀磨损，因而能长久地保持研具的表面精度。

● 研磨运动应保证工件受到均匀研磨，即被研工件表面上每一点的研磨量均应相同。这对于保证工件的几何形状精度和尺寸均匀性来说是至关重要的。

● 研磨运动应使运动轨迹不断有规律的改变方向，避免过早地出现重复。这样可使工件表面上的无数切削条痕能有规律地相互交错抵消，即越研越平滑，从而达到提高工件表面质量的目的。

● 研磨运动应根据不同的研磨工艺要求，具体选取最佳运动速度。比如，当研磨细长的大尺寸工件时，需要选取低速研磨；而研磨小尺寸或低精度工件时，则要选取中速或高速进行研磨，以提高生产效率。

● 整个研磨运动自始至终应力求平稳，特别是研磨面积小而细长的工件，更要注意使运动方向的改变要缓慢，避免拐小弯，运动方向要尽量偏于工件的长边方向并放慢运动速度。否则会因运动的不平稳造成被研表面的不平或掉边、掉角等质量弊病。

● 在研磨运动中，研具与工件之间应处于弹性浮动状态，而不应是强制的限位状态。这样可以使工件与研具表面能够更好地接触，把研具表面的几何形状准确地传递给工件，从而不受研磨机床精度的过多影响。

6) 研磨余量

● 研磨预加工余量的确定

工件在研磨前的预加工很重要，它将直接影响到以后的研磨加工精度和研磨余量。如果研磨前的预加工精度很低，不但研磨工序消耗的工时多，而且研具的磨损也快，往往达不到研磨后预期的工艺效果。在研磨的整个过程中,只能研掉很薄的表面层。因此,为了保证研磨的精度和加工余量,工件在研磨前的预加工,应有足够的尺寸精度、几何形状精度和表面精度。

　　研磨前预加工的精度要求和余量的大小,要结合工件的材质、尺寸、最终精度、工艺条件以及研磨效率等确定。对面积大或形状复杂且精度要求高的工件,研磨余量应取较大值,若预加工的质量高,则研磨余量取较小值。

　　● 研磨余量的确定

　　为了达到最终的精度要求,工件往往需要经过粗研、半精研、精研等多道工序才能完成,而研磨工序之间的加工余量也应本着研磨前预加工应考虑的那几个方面来确定。若所留的余量小,则下道工序研不出应有的效果,若所留的余量大,则下道工序很难加工。因而确定合理的研磨余量,不仅仅能够保证研磨精度,而且可以获得较高的生产效率。表1.18是淬硬钢件双向平面研磨余量的实例。

表1.18　淬硬钢件双向平面研磨余量的实例

工序名称		加工余量/mm	磨料粒度	表面粗糙度 $Ra/\mu m$
备料成形		$1^{+0.1}_{-0.2}$		3.2
淬火前粗磨		0.35 ~ 0.05	F60	0.8
淬火后精磨		0.05 ~ 0.01	F80	0.4
Ⅰ次	粗研	0.011 ~ 0.003	F1000	0.1
Ⅱ次		0.004 ~ 0.001	F1200	0.05
Ⅰ次	半精研	0.001 5 ~ 0.000 5	F1200	0.025
Ⅱ次		0.000 5 ~ 0.000 3	F1200	0.012
精研			F1200	0.008

1.3.2　模具抛光

　　抛光加工多用来使工件表面显现光泽,在抛光过程中,化学作用比在研磨中要显著得多。抛光时,工件表面温度比研磨时要高(抛光速度一般比研磨速度要高),有利于氧化膜的迅速形成,从而能较快地获得高的表面质量。

　　抛光可以选用较软的磨料。例如在湿研磨的最后,用氧化铬进行抛光,这种研磨剂粒度很细,硬度低于研具和工件,在抛光过程中不嵌入研具和工件,完全处于自由状态。由于磨料的硬度低于工件的硬度,所以磨粒不会划伤工件表面,可以获得很高的表面质量。因此,抛光主要是利用化学和物理作用进行加工的,即与被加工表面产生化学反应形成很软的薄膜来进行加

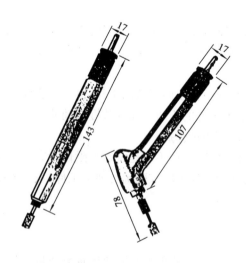

图1.28　旋转气动手持抛光研磨器

工的。

抛光加工是去除残留在模具零件表面的刀具加工痕迹、磨削痕、放电痕和放电后的异常表层。经抛光后可达到 R_a 0.1~0.2 μm，经精密抛光可达到 R_a 0.025~0.05 μm。

(1)抛光工具

抛光工具除传统的手工工具砂纸、油石外，目前工厂推荐使用的抛光工具主要是由压缩空气、马达和超声波驱动手持抛光研磨器。而抛光研磨器又分为直形和角形两种，如图1.28所示。

抛光研磨器的夹头可夹持各种磨头和抛光轮，使其高速旋转，其转速可达到 50 000 r/min，各种磨头和抛光轮如图1.29所示。

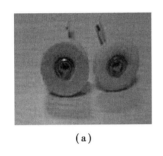 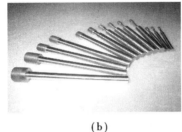 

（a） （b） （c）

图1.29 各种系列磨头和抛光轮

手持抛光研磨器一端与软轴连接，一端可安装研具或油石、抛光轮等，进行不同的研抛工作。

(2)模具抛光工艺步骤与注意事项

1)在抛光前要了解模具零件的使用材料及硬度，仔细观察未抛光表面的粗糙度，同时还要了解被抛光表面要求达到的光亮程度。选用各道工序所需的油石、砂纸、研磨粉和抛光研磨膏。

2)在抛光前要求模具钳工将各有关抛光面预先整形刮研，达到 3.2~1.6 μm 的表面粗糙度，有尺寸精度要求的抛光面，还要留 0.1~0.5 μm 的抛光余量。选用与抛光表面相适应的抛光轮和抛光工具。

3)将要抛光的表面用煤油擦洗干净，先选用 100#~150# 粒度的油石进行打磨，当前一级油石抛光打磨的纹路痕迹完全消失之后，再更换更细一级的油石继续打磨抛光。这样逐级提高精度，直到更换到粒度为 240# 油石时，再改用 280# 金相砂纸打磨。这时清洗要用脱脂棉蘸煤油轻轻擦拭，当金相砂纸更换到 500# 时，被抛表面的粗糙度已能达到 0.2 μm 左右了，若要求继续提高，则要用毡轮蘸研磨膏用手持研磨器抛光。

4)用手持高速研磨器装上毡轮蘸研磨膏进行精抛光，光亮度提高很快。首先选用 W40 的研磨膏研磨，而后分别换 W20,W10,W5,W2.5,W1 研磨膏，逐级提高光亮度。对于粗糙度仅要求在 0.025 μm 以内的表面，则抛到 W5 这一级就可以了。如粗糙度要求在 0.025 μm 以上时，就要用 W1~W0.5 这一级的研磨膏进行抛光。

5)抛光用的润滑剂和稀释剂有煤油、汽油、10# 与 20# 机油，无水乙醇及工业透平油等，使用时，应分别采用玻璃吸管吸点法点入抛光件上，不可用公用毛刷往抛光件上刷抹，避免毛刷上的油污及不同粒度的磨料粘在抛光面上，影响抛光精度。

6）使用抛光毡轮、海绵抛光轮、牛皮抛光轮等柔性抛光工具时，一定要经常检查这些柔性物质是否因研磨过量而露出与其粘接的铁杆，一旦露出应及时更换。为避免划伤抛光面，一般柔性部分还有 2～3 mm 时就应更换。

7）及时正确鉴定本道工序抛光研磨可以结束而进入下道工序抛光研磨，是提高抛光效率的关键。鉴定的最简单方法是仔细观察抛光运动的方向，上道工序留下的抛光痕迹看不见了，再打磨时，见不到与打磨方向垂直的任何痕迹，这说明本道工序的研磨剂粒度已经到了极限，应转入下道工序抛光研磨或加工结束。

第**2**章
注塑成型模具结构及基本知识

2.1 注塑模具的分类及结构组成

2.1.1 注塑模具的分类

注塑模具的分类方法很多。按其成型塑料的材料可分为溽热塑性塑料注塑模具和热固性塑料注塑模具；按其使用注塑机的类型可分为卧式注塑机用的注塑模具、立式注塑机用的注塑模具及角式注塑机用的注塑模具；按其采用的流道形式可分为普通流道注塑模具和热流道注塑模具；按其结构特征可分为单分型面注塑模具、双分型面注塑模、斜导柱（弯销、斜导槽、斜滑块、齿轮齿条）侧向分型与抽芯注塑模具、带有活动镶块的注塑模具、定模带有推出装置的注塑模具和自动卸螺纹注塑模具等。

2.1.2 注塑模具的结构组成

注塑模的种类很多，但不论是简单的还是复杂的注塑模具，其基本结构都是由动模和定模两大部分组成的。定模部分安装在注塑机的固定模板上；动模部分安装在注塑机的移动模板上，在注塑成型过程中它随注塑机上的合模系统运动。

根据模具上各零件所起的作用，一般注塑模可由以下几个部分组成，如图2.1所示。

（1）成型零部件

成型零部件是指动、定模部分有关组成型腔的零件。如成型塑件内表面的凸模和成型塑件外表面的凹模以及各种成型杆、镶件等。如图2.1所示的模具中，型腔是由动模板1、定模板2和凸模7等组成。

（2）合模导向机构

合模导向机构是保证动模和定模在合模时准确对合，以保证塑件形状和尺寸的精确度，并避免模具中其他零部件发生碰撞和干涉。常用的合模导向机构是导柱和导套（图2.1中的8，9），对于深腔薄壁塑件，除了采用导柱导套导向外，还常采用在动、定模部分设置互动吻合的内外锥面导向定位机构。

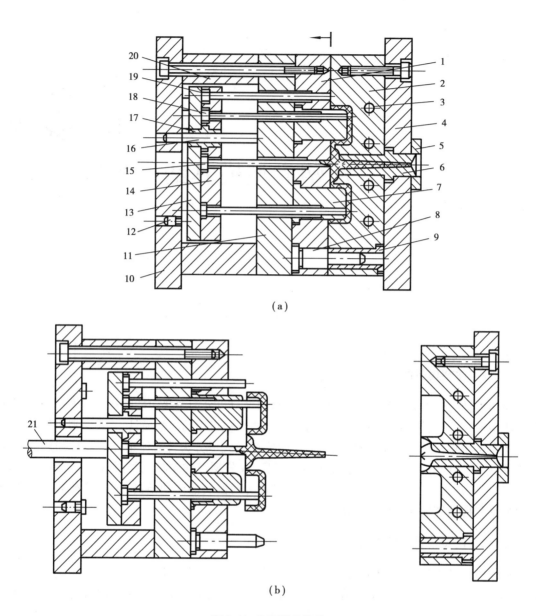

图 2.1 注塑模的结构

1—动模板;2—定模板;3—冷却水道;4—定模座板;5—定位圈;6—浇口套;7—凸模;

8—导柱;9—导套;10—动模座板;11—支承板;12—支承柱;13—推杆;14—推杆固定板;

15—拉料杆;16—推板导柱;17—推板导套;18—推杆;19—复位杆;20—垫块;21—注塑机顶杆

（3）浇注系统

浇注系统是熔融塑料从注塑机喷嘴进入模具型腔所流经的通道,它包括主流道、分流道、浇口及冷料穴等。

（4）侧向分型及抽芯机构

当塑件的侧向有凹凸形状的孔或凸台时,在开模推出塑件之前,必须先把成型塑件侧向凹凸形状的瓣合模块或侧向型芯从塑件上脱开或抽出,塑件方能顺利脱模。侧向分型或抽芯机构就是为实现这一功能而设置的,如图 2.6 就是具有侧向抽芯机构的模具。

（5）推出机构

推出机构是指分型后将塑件从模具中推出的装置，又称脱模机构。一般情况下，推出机构由推杆、推杆固定板、推板、主流道拉料杆、复位杆及为了该机构运动平稳所设置的导向机构所组成的。图 2.1 中的推出机构由推板 13、推杆固定板 14、拉料杆 15、推板导柱 16、推板导套 17、推杆 18 和复位杆 19 等组成。

常见的推出机构有推杆推出机构、推管推出机构、推件板推出机构，此外还有凹模推出机构、顺序推出机构和二级推出机构等。

（6）加热和冷却系统

加热和冷却系统亦称温度调节系统，它是为了满足注塑成型工艺对模具温度的要求而设置的，其作用是保证塑料熔体的顺利充型和塑件的固化定型。注塑模中是设置冷却回路还是设置加热装置要根据塑料的品种和塑件成型工艺来确定。冷却系统一般是在模具上开设冷却水道（图 2.1 中 3），加热系统则在模具内部或四周安装加热元件。

（7）排气系统

在注塑成型过程中，为了将型腔中的空气及注塑成型过程中塑料本身挥发出来的气体排出模外，以避免它们在塑料熔体充型过程中造成气孔或充不满等缺陷，常常需要开设排气系统。排气系统通常是在分型面上有目的地开设几条排气沟槽，许多模具的推杆或活动型芯与模板之间的配合间隙可起排气作用。小型塑料制件的排气量不大，因此可直接利用分型面排气。

（8）支承零部件

用来安装固定或支承成型零部件及前述的各部分机构的零部件均称为支承零部件。支承零部件组装在一起，可以构成注塑模具的基本骨架。

根据注塑模中各零部件与塑料的接触情况，上述 8 大部分功能结构也可以分为成型零部件和结构零部件两大类。其中，成型零部件系指与塑料接触，并构成模腔的模具的各种功能构件；结构零部件则包括支承、导向、排气、推出塑件、侧向分型与抽芯、温度调节等功能构件。在结构零部件中，合模导向机构与支承零部件合称为基本结构零部件，因为两者组装起来可以构成注塑模架（已标准化）。任何注塑模均可以借用这种模架为基础，再添加成型零部件和其他必要的功能结构件来形成。

2.2　注塑模具的典型结构

2.2.1　单分型面注塑模

单分型面注塑模又称两板式注塑模，这种模具只在动模板与定模板（二板）之间具有一个分型面，其典型结构如图 2.1 所示。单分型面注塑模是注塑模具中最简单最基本的一种形式，它根据需要可以设计成单型腔注塑模，也可以设计成多型腔注塑模。对成型塑件的适应性很强，因而应用十分广泛。

（1）工作原理

合模时，注塑机开合模系统带动动模向定模方向移动，在分型面处与定模对合，其对合的精确度由合模导向机构(图2.1中件8,9)保证。动模和定模对合后,定模板2上的凹模与固定在动模板1上的凸模7组合成与塑件形状和尺寸一致的封闭型腔,型腔在注塑成型过程中被注塑机合模系统所提供的锁模力锁紧,以防止它在塑料熔体充填型腔时被所产生的压力涨开。注塑机从喷嘴中注塑出的塑料熔体经由开设在定模上的主浇道进入模具,再由分浇道及浇口进入型腔,待熔体充满型腔并经过保压、补缩和冷却定型之后开模。开模时,注塑机开合模系统便带动动模后退,这时动模和定模两部分从分型面处分开,塑件包在凸模7上随动模一起后退,拉料杆15将主浇道凝料从主流道衬套中拉出。当动模退到一定位置时,安装在动模内的推出机构在注塑机顶出装置的作用下,使推杆18和拉料杆15分别将塑件及浇注系统的凝料从凸模7和冷料穴中推出,塑件与浇注系统凝料一起从模具中落下,至此完成一次注塑过程。合模时推出机构靠复位杆19复位,从而准备下一次的注塑。

(2)**设计注意事项**

1)分型面上开设分流道,既可开设在动模一侧或定模一侧,也可开设在动、定模分型面的两侧,视塑件的具体形状而定。但是,如果开设在动、定模两侧的分型面上,必须注意合模时流道的对中拼合。

2)由于推出机构一般设置在动模一侧,所以应尽量使塑件在分型后留在动模一边,以便于推出,这时要考虑塑件对凸模型芯的包紧力。塑件注塑成型后对凸模型芯包紧力的大小往往用凸模或型芯被塑料所包住的侧面积的大小来衡量,一般将包紧力大的凸模或型芯设置在动模一侧,包紧力小的凸模或型芯设置在定模一侧。

3)为了让主流道凝料在分型时留在动模一侧,动模一侧必须设有拉料杆。拉料杆有"Z"字形,球形等。用"Z"形拉料杆时,拉料杆固定在推杆固定板上。用球形拉料杆时,拉料杆固定在动模板上,而且球形拉料杆仅适用于推件板推出机构的模具。

4)推杆的复位方式有多种。如弹簧复位或复位杆复位等,常用的是复位杆复位。

单分型面的注塑模是一种最基本的注塑模具结构。根据具体塑件的实际要求,单分型面的注塑模也可增加其他的零部件,如嵌件、螺纹型芯或活动型芯等。因此,在这种基本形式的基础上,就可演变成其他各种复杂的结构。

2.2.2 双分型面注塑模

双分型面注塑模具有两个分型面,如图2.2。*A—A*为第一分型面,分型后浇注系统凝料由此脱出;*B—B*为第二分型面,分型后塑件由此脱出。与单分型面注塑模具相比较,双分型面注塑模具在定模部分增加了一块可以局部移动的中间板,所以也叫三板式(动模板、中间板、定模板)注塑模具,它常用于点浇口进料的单型腔或多型腔的注塑模具。开模时,中间板在定模的导柱上与定模板作定距离分离,以便在这两模板之间取出浇注系统凝料。

(1)**分型脱模原理**

开模时,开合模系统带动动模部分后移,由于弹簧7对中间板12施压,迫使中间板与定模板11首先在*A*处分型,并随动模一起向后移动,主浇道凝料随之拉出。当中间板向后移动到一定距离时,安装在定模板上的定距拉板8挡住装在中间板上的限位销6,中间板停止移动。动模继续后移,*B*分型面分型。因塑件包紧在凸模9上,这时浇注系统凝料就在浇口处自行拉断,然后在*A*分型面之间自行脱落或由人工取出。动模继续后移至注塑机的顶杆接触推板16时,推出机构开始工作,推件板4在推杆14的推动下将塑件从凸模上推出,塑件由*B*分型面之间自行落下。

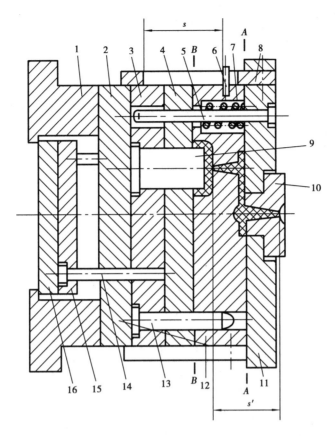

图 2.2　双分型面注塑模

1—模脚;2—支承板;3—动模板;4—推件板;5—导柱;6—限位销;

7—弹簧;8—定距拉板;9—凸模;10—浇口套;11—定模板;12—中间板;

13—导柱;14—推杆;15—推杆固定板;16—推板

(2)设计注意事项

分析图 2.2 可知,因为增加了一个中间板,双分型面注塑模整体结构比单分型面注塑模总体结构要复杂一些。设计模具时应注意以下几个问题。

●若是点浇口形式的双分型面注塑模具,应注意使分型面 A 的分型距离能保证浇注系统凝料顺利取出,一般 A 分型面分型距离为:

$$s = s' + (3 \sim 5)\ \text{mm}$$

式中　s——A 分型面分型距离,mm;

s'——浇注系统凝料在合模方向上的长度,mm。

●由于双分型面注塑模使用的浇口多为点浇口,截面积较小,通道直径只有 0.5 ~ 1.5 mm,故对大型塑件或流动性差的塑料不宜采用这种结构形式。

●在双分型面模具中要注意导柱的设置及导柱的长度。一般的注塑模中,动、定模之间的导柱既可设置在动模一侧,也可设置在定模一侧,视具体情况而定,通常设置在型芯凸出分型面最长的那一侧。而双分型面的注塑模,为了中间板在工作过程中的支承和导向,则导柱导向部分的长度应按下式计算:

$$L \geqslant s + H + (8 \sim 10)\ \text{mm}$$

式中　L——导柱导向部分长度,mm;

　　　s——A 分型面分型距离,mm;

　　　H——中间板的厚度,mm。

如果定模部分的导柱仅对中间板支承和导向,则动模部分还应设置导柱,用于对中间板的导向,这样,动定模部分才能合模导向。如果动模部分是推件板脱模,则动模部分一定要设置导柱,用以对推件板进行支承和导向。

● 弹簧应布置 4 个,并尽可能对称布置于 A 分型面上模板的四周,以保持分型时弹力均匀,中间板不被卡死。定距拉板一般采用 2 块,对称布置于模具两侧。

双分型面注塑模在定模部分必须设置定距分型装置。图 2.2 中的结构为弹簧分型拉板定距式,此外,还有许多其他定距分型的形式。

图 2.3 所示是弹簧分型拉杆定距式双分型面注塑模。其工作原理与弹簧分型拉板定距式双分型面注塑模基本相同,所不同的是定距方式不一样,拉杆式定距是采用拉杆端部的螺母来限定中间板的移动距离。

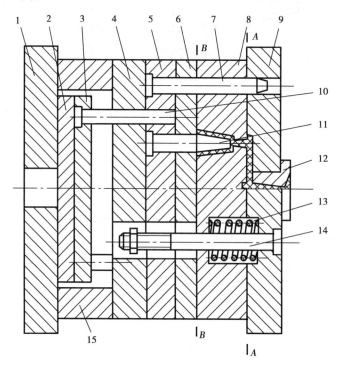

图 2.3　弹簧分型拉杆定距式双分型面注塑模
1—动模座板;2—推板;3—推杆固定板;4—支承板;5—动模板;
6—推件板;7—导柱;8—中间板;9—定模板;10—推杆;
11—型芯;12—浇口套;13—弹簧;14—定距导柱拉杆;15—垫块

图 2.4 是导柱定距式双分型面注塑模,在导柱上开限距槽,并通过定距钉 13 来达到限制中间板移动距离的目的。分型时,在顶销 5 作用下 A 分型面分型,塑件和浇注系统凝料随动模一起后移,当定距钉 13 与导柱 12 上的槽相接触时,A 分型面分型结束,B 分型面分型,最后推杆 3 推动推件板使塑件从凸模 16 上脱下。

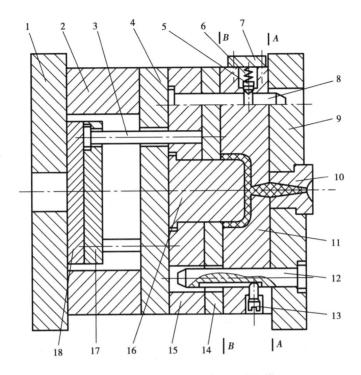

图 2.4 定距导柱式双分型面注塑模

1—动模座板;2—支承块;3—推杆;4—支承板;5—顶销;6—弹簧;

7—压块;8、12—导柱;9—定模板;10—浇口套;11—中间板;

13—定距钉;14—推件板;15—动模板;16—凸模;17—推杆固定板;18—推板

另外,拉杆定距式和导柱定距式双分型面注塑模较之拉板定距式双分型面注塑模的结构要紧凑一些,体积也相应小一些,这对于成型小型塑件的模具来说,选用这两种结构形式就显得较经济和合理一些。

图 2.5 是摆钩分型螺钉定距的形式。开模时,由于固定在中间板 8 上的摆钩 2 拉住支承板 10 上的挡块 1,模具从 A 分型面分型,塑件包在凸模 11 上随动模一起后移,主流道凝料被拉出主流道衬套。开模到一定距离后,摆钩 2 在压块 4 的作用下产生摆动而脱离挡块 1,同时定距螺钉 6 限制中间板 8 不能再移动,B 分型面分型。

最后由推杆 12 将塑件从凸模 11 上推出脱模。这种机构设计时应注意的是摆钩和压块等零件应对称布置在模具的两侧。

2.2.3 斜导柱侧向分型与抽芯注塑模

当塑件有侧凸、侧凹(或侧孔)时,模具中成型侧凸、侧凹(或侧孔)的零部件必须制成可移动的,开模时,必须使这一部分构件先行移开,塑件脱模才能顺利进行。图 2.6 为一斜导柱驱动型芯滑块侧向移动抽芯的注塑模。在这一模具中,侧向抽芯机构是由斜导柱 10、侧型芯滑块 11、楔紧块 9 和侧型芯滑块抽芯结束时的定位装置(挡块 5、滑块拉杆 8、弹簧 7 等组成)所组成。

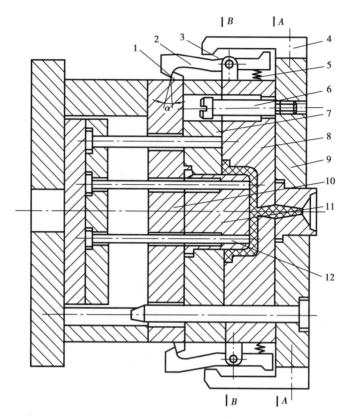

图 2.5 摆钩分型螺钉定距双分型面注塑模
1—挡块;2—摆钩;3—转轴;4—压块;5—弹簧;6—定距螺钉;
7—动模板;8—中间板;9—定模板;10—支承板;11—凸模;12—推杆

（1）工作原理

注塑成型后开模,开模力通过斜导柱 10 作用于侧型芯滑块 11,型芯滑块随着动模的后退在动模板 16 的导滑槽内向外滑移,直至滑块与塑件完全脱开,侧抽芯动作完成。这时塑件包在凸模 12 上随动模继续后移,直到注塑机顶杆与模具推板接触,推出机构开始工作,推杆 19 将塑件从凸模 12 上推出。合模时,复位杆(图中未画出)使推出机构复位,斜导柱使侧型芯滑块向内移动,最后楔紧块将其锁紧。

（2）设计注意事项

1)斜导柱侧向分型与抽芯结束后在脱离侧型芯滑块时应有准确的定位措施,以便在合模时斜导柱能顺利地插入滑块的斜导孔中使滑块复位,图 2.6 中的定位装置是挡块拉杆弹簧式定位装置。

2)楔紧块是防止注塑时熔体压力使侧型芯滑块产生位移而设置的,为了有效工作,其上面的斜面应与侧型芯滑块上的斜面斜度一致,并且设计时斜面应留有一定的修正余量,以便装配时修正。

3)斜导柱侧向分型抽芯机构有 4 种基本形式:斜导柱安装在定模,侧型芯(型腔)滑块设置在动模,这种形式设计时应尽量避免在侧型芯的投影面下设置推杆,以免发生"干涉"现象,如无法避免,则必须采取推杆先复位措施;斜导柱安装在动模,侧型芯(型腔)滑块设置在定

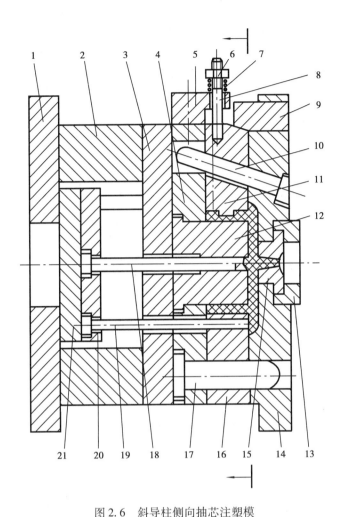

图 2.6　斜导柱侧向抽芯注塑模

1—动模座板;2—垫块;3—支承板;4—凸模固定板;5—挡块;6—螺母;

7—弹簧;8—滑块拉杆;9—楔紧块;10—斜导柱;11—侧型芯滑块;12—凸模;

13—定位圈;14—定模板;15—浇口套;16—模板;17—导柱;18—拉料杆;

19—推杆;20—垫板;21—推板

模,这种形式必须注意脱模与侧抽芯不能同时进行,否则塑件会留在定模无法脱出,或者侧型芯或塑件会受到损坏;斜导柱与侧型芯(型腔)滑块都安装在定模,这种形式的结构在定模部分必须增加一个分型面,采用定距分型机构造成斜导柱与侧型芯滑块的相对运动;斜导柱与侧型芯(型腔)滑块都安装在动模,这种形式应该采用推出机构造成两者之间的相对运动从而达到侧向分型与抽芯的目的。

2.2.4　斜滑块侧向抽芯注塑模

斜滑块侧向分型与抽芯注塑模和斜导柱侧向分型与抽芯注塑模一样,也是用来成型带有侧向凹凸塑件的一类模具,所不同的是,其侧向分型与抽芯动作是由可斜向移动的斜滑块来完成的,常常用于侧向分型与抽芯距离较短的场合。图 2.7 所示是斜滑块侧向抽芯的注塑模,注塑成型后开模,动模向下移动,带动包紧在动模上的塑件和斜滑块 15 一起运动。拉料杆 3 同时将主流道凝料从主流道衬套中拉出,动模继续下移,注塑机顶杆接触推板1,推出机构开始工作。推杆18将塑件及斜滑块5从动模板中推出,斜滑块在推出的同时沿斜导柱14向两侧移动,将固定于滑块上的侧型芯7抽出,塑件随之掉落。斜导柱始终在斜滑块中,合模时,定模板下底面迫使斜滑块复位。

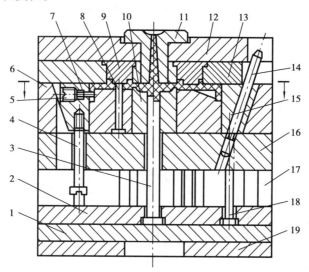

图 2.7　斜滑块侧向抽芯注塑模

1—推板;2—推杆固定板;3—拉料杆;4—限位螺钉;5—螺塞;6—动模板;
7—侧型芯;8—型芯;9—定模镶件;10—动模镶件;11—浇口套;12—定模座板;
13—定模板;14—斜导柱;15—斜滑块;16—支承板;17—垫块;18—推杆;19—动模座板

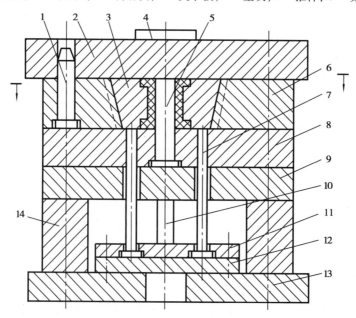

图 2.8　斜滑块侧向分型注塑模

1—导柱;2—定模板;3—斜滑块;4—定位圈;5—型芯;6—动模板;7—推杆;
8—型芯固定板;9—支承板;10—拉料杆;11—推杆固定板;12—推板;13—动模座板;14—垫块

图 2.8 所示为斜滑块侧向分型的结构,注塑成型开模后,动模部分向下移动,至一定位置,注塑机顶杆开始与推板接触,推杆 7 将斜滑块 3 及塑件从动模板 6 中推出,斜滑块在推出的同时在动模板 6 的斜导槽内向两侧移动分型,塑件从滑块中脱出。

斜滑块侧向分型与抽芯的特点是:斜滑块的分型与抽芯动作是与塑件从动模型芯上被推出的动作同步进行的,但抽芯距比斜导柱侧抽芯机构的抽芯距短。在设计、制造这类注塑模时,应注意保证斜滑块的移动可靠、灵活,不能出现停顿及卡死的现象,否则抽芯将不能顺利进行,甚至会将塑件或模具损坏。另外,斜滑块的安装高度应略高于动模板,而底部与动模支承板或型芯固定板略有间隙,以利于合模时压紧。此外,斜滑块的推出高度、推杆的位置选择、开模时斜滑块的止动等均要在设计时加以注意。

2.2.5　带有活动镶件的注塑模

有些塑料制件上虽然有侧向的通孔及凹凸形状,但是由于塑件的特殊要求,例如需要在模具上设置螺纹型芯或螺纹型环等,这样的模具,有时很难用侧向抽芯机构来实现侧向抽芯的目的。为了简化模具结构,并不采用斜导柱、斜滑块等结构,而是在型腔的局部设置活动镶件。开模时,这些活动镶件不能简单地沿开模方向与塑件分离,而必须在塑件脱模时连同塑件一起移出模外,然后通过手工或用专门的工具将它与塑件相分离,在下一次合模注塑之前,再重新将其放入模内。

采用活动镶件结构形式的模具,其优点不仅省去了斜导柱、滑块等复杂结构的设计与制造,使模具外形缩小,大大降低了模具的制造成本。更主要的是在某些无法安排斜滑块等结构的场合,便可采用活动镶件形式。其缺点是操作时安全性较差,生产效率较低。

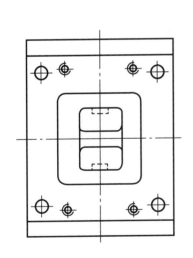
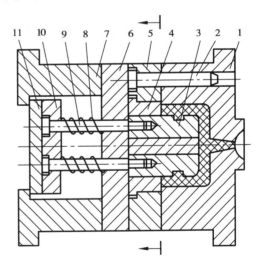

图 2.9　带有活动镶件的注塑模之一

1—定模板;2—导柱;3—活动镶件;4—型芯;5—动模板;6—支承板;
7—模脚;8—弹簧;9—推杆;10—推杆固定板;11—推板

如图 2.9 所示的是带有活动镶件的注塑模。开模时,塑件包在型芯 4 和活动镶件 3 上随动模部分向左移动而脱离定模板 1,分型到一定距离,推出机构开始工作。设置在活动镶件 3 上的推杆 9 将活动镶件连同塑件一起推出型芯脱模,由人工将活动镶件从塑件上取下。合模时,推杆9在弹簧8的作用下复位,推杆复位后动模板停止移动,然后人工将活动镶件重新插入镶件定位孔中,再合模后进行下一次的注塑动作。

图2.10所示是带有活动镶件的又一种形式的模具,塑件的内侧有一圆环,无法设置斜导柱或斜滑块,故采用活动镶件12,合模前人工将其定位于动模板18中。由于活动镶件下面设置了推杆11,故为了便于安装镶件,在四只复位杆上安装了四只弹簧,以便让推出机构先复位。该模具是点浇口的双分型面注塑模。

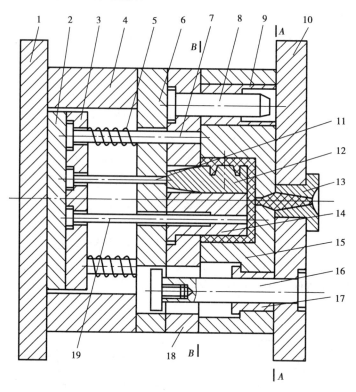

图2.10 带有活动镶件的注塑模之二

1—动模座板;2—推板;3—推杆固定板;4—垫块;5—弹簧;6—支承板;7—复位杆;
8—导柱;9,17—导套;10—定模座板;11,19—推杆;12—活动镶件;13—浇口套;
14—凸模;15—定模板;16—拉杆导柱;18—动模板

2.3 塑料制件在模具中的位置

注塑模具每一次注塑循环所能成型的塑件数量是由模具的型腔数目决定的。型腔数目及排列方式、分型面的位置确定等决定了塑件在模具中的成型位置。

2.3.1 型腔数量及排列方式

当塑料制件的设计已经完成,并选定所用材料后,就需要考虑是采用单型腔模具还是多型腔模具。与多型腔模具相比,单型腔模具有如下优点:

1）塑料制件的形状和尺寸始终一致　在多型腔模具中很难达到这一要求,因而如果生产的零件要求很小的尺寸公差时,采用单型腔模具也许更为适宜。

2）工艺参数易于控制　单型腔模具因仅需根据一个塑件调整成型工艺条件,所以工艺参数易于控制。多型腔模具,即使各型腔的尺寸是完全相同的,同模生产的几个塑件因成型工艺参数的微小差异而使其尺寸和性能往往也各不一样。

3）模具的结构简单紧凑,设计自由度大　单型腔模具的推出机构、冷却系统和模具分型面的技术要求,在大多数情况下都能满足而不必综合考虑。

此外,单型腔模具还具有制造成本低、制造周期短等优点。

当然,对于长期大批量生产而言,多型腔模具是更为有益的形式,它可以提高生产效率,降低塑件的生产成本。如果注塑的塑件非常小而又没有与其相适应的设备,则采用多型腔模具是最佳选择。现代注塑成型生产中,大多数小型塑件的成型模具是多型腔的。

2.3.2　型腔数目的确定

在设计实践中,有先确定注塑机的型号,再根据所选用的注塑机的技术规范及塑件的技术经济要求,计算能够选取的型腔的数目;也有根据经验先确定型腔数目,然后根据生产条件,如注塑机的有关技术规范等进行校核计算,看所选定的型腔数目是否满足要求。但无论采用哪种方式,一般考虑的要点有:

●塑料制件的批量和交货周期　如果必须在相当短的时期内注塑成型大批量的产品,则使用多型腔模具可提供独特的优越条件。

●质量控制要求　塑料制件的质量控制要求是指其尺寸、精度、性能及表面粗糙度要求等。如前所述,每增加一个型腔,由于型腔的制造误差和成型工艺误差的影响,塑件的尺寸精度要降低约4% ~8%,因此多型腔模具($n > 4$)一般不能生产高精度塑件,高精度塑件宁可一模一腔,保证质量。

●成型的塑料品种与塑件的形状及尺寸　塑件的材料、形状尺寸与浇口的位置和形式有关,同时也对分型面和脱模的位置有影响,因此确定型腔数目时应考虑这方面的因素。

●塑料制件的成本　除去塑件的原材料费用后,塑件的成型加工总成本可用如下经验公式估算:

$$C = NYt/n + C_0 + C_1 + nC_2$$

式中　C——塑件的成型加工总费用,元;

N——塑件的生产批量总数;

Y——单位时间的加工费用,元/min;

t——成型周期,min;

n——型腔数目;

C_0——与型腔数目无关的那部分费用,元;

C_1——准备时间及试模时原料的费用,元;

C_2——每一型腔所需费用,元。

从经济效益角度出发,应使 C 取最小值,即令 $\mathrm{d}C/\mathrm{d}n = 0$,设 C_0,C_1 为常数,则有

$$n = \sqrt{\frac{NYt}{C_2}}$$

● 所选用的注塑机的技术规范,根据注塑机的额定注塑量及额定锁模力求型腔数目。

2.3.3 型腔的布局

多型腔模具设计的重要问题之一就是浇注系统的布置方式,由于型腔的排布与浇注系统布置密切相关,因而型腔的排布在多型腔模具设计中应加以综合考虑。型腔的排布应使每个型腔都通过浇注系统从总压力中均等地分得所需的足够压力,以保证塑料熔体同时均匀地充满每个型腔,使各型腔的塑件内在质量均一稳定。这就要求型腔与主流道之间的距离尽可能最短,同时采用平衡的流道和合理的浇口尺寸以及均匀的冷却等。合理的型腔排布可以避免塑件尺寸的差异、应力形成及脱模困难等问题。图2.11列出了多型腔模具型腔布局的几则实例。图2.11(a~c)为平衡式,其特点是从主流道到各型腔浇口的分流道的长度、截面形状及尺寸均对应相同,可实现均衡进料和同时充满型腔的目的。图2.11(d~f)为非平衡式,其特点是从主流道到各型腔浇口的分流道的长度不相等,因而不利于均衡进料,但可以缩短流道的总长度,为达到同时充满型腔的目的,各浇口的截面尺寸要制作得不相同。

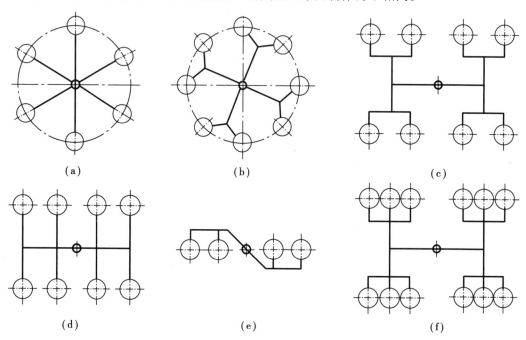

图2.11 多型腔模具型腔布局举例

应该指出的是,多型腔模具最好成型同一尺寸及精度要求的制件,不同塑件原则上不应该用同一副多型腔模具生产。在同一副模具中同时安排尺寸相差较大的型腔不是一个好的设计,不过有时为了节约,特别是成型配套式塑件的模具,在生产实践中还使用这一方法,但难免会引起一些缺陷,如有些塑件发生翘曲、有些则有过大的不可逆应变等。

2.3.4 分型面的选择

(1)分型面及其基本形式

将模具适当地分成两个或几个可以分离的主要部分,这些可以分离部分的接触表面分开时能够取出塑件及浇注系统凝料,当成型时又必须接触封闭,这样的接触表面称为模具的分型面。

注塑模具有的只有一个分型面,有的有多个分型面。分型面的位置及形状如图 2.12 所示。图 2.12(a)为平直分型面;图 2.12(b)为倾斜分型面;图 2.12(c)为阶梯分型面;图 2.12(d)为曲面分型面;图 2.12(e)为瓣合分型面。

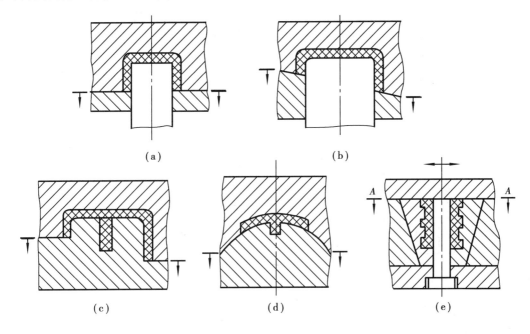

图 2.12　分型面的形式

在模具总装图上分型面的标示一般采用如下方法:当模具分开时,若分型面两边的模板都做移动,用"←│→"表示;若其中一方不动,另一方做移动,用"│→"表示,箭头指向移动的方向;多个分型面,应按先后次序,标示出"A"、"B"、"C"等。

分型面应尽量选择平面(图 2.12(a)),但为了适应塑件成型的需要和便于塑件脱模,也可以采用曲面(图 2.12(d))、台阶面(图 2.12(c))等分型面,其分型面虽然加工较困难,型腔加工却比较容易。

(2)**分型面的选择实例**

表 2.1 中列出了几种塑件选择分型面的比较:

表 2.1　分型面选择实例

序号	推荐形式	不合理	说　明
1			分型面选择应满足动定模分离后塑件尽可能留在动模内,因为顶出机构一般在动模部分,否则会增加脱模的困难,使模具结构复杂

续表

序号	推荐形式	不合理	说　明
2	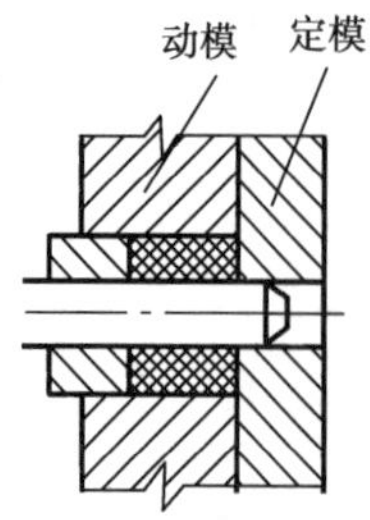	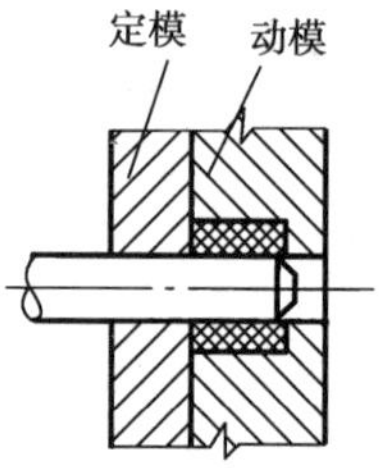	当塑件是垫圈类,壁较厚而内芯较小时,塑件在成型收缩后,型芯包紧力较小,若型芯设于定模部分,很可能由于型腔加工后光洁度不高,造成工件留在定模上。因此型腔设在动模内,只要采用顶管结构,就可以完成脱模工作
3	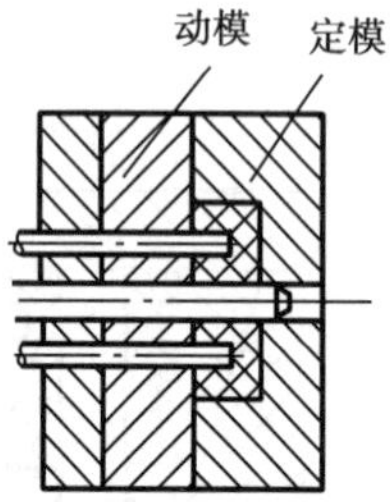	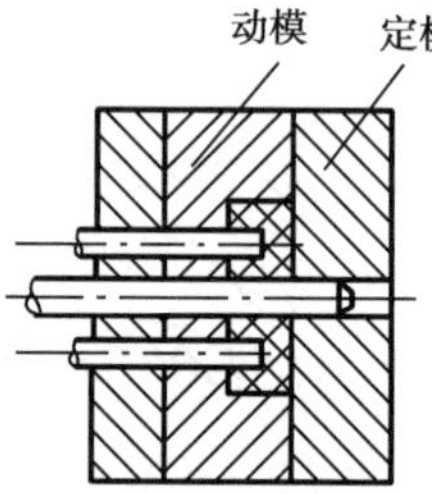	塑件外形件简单,但内形有较多的孔或复杂的孔时,塑件成型收缩后必留在型芯上,这时型腔可设在定模内,只要采用顶板,就可以完成脱模,模具结构简单
4	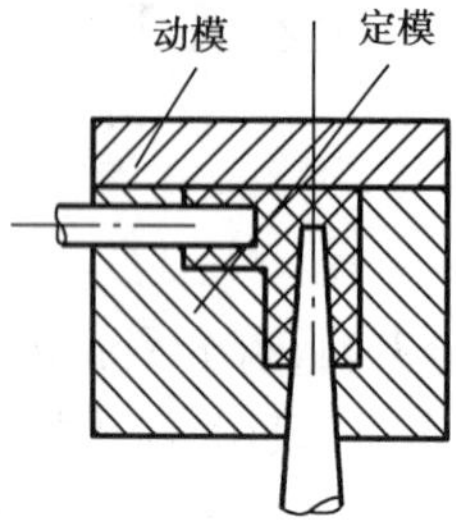	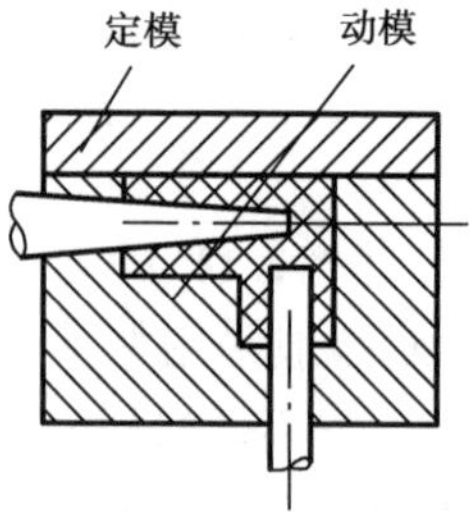	当塑件有较多组抽芯时,应尽可能避免长端侧向抽芯
5	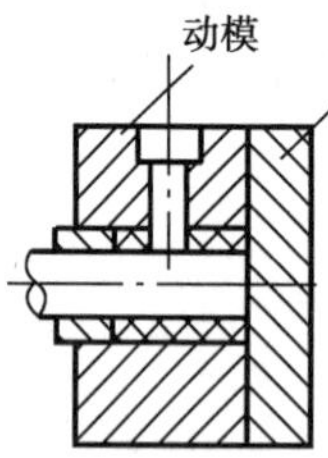	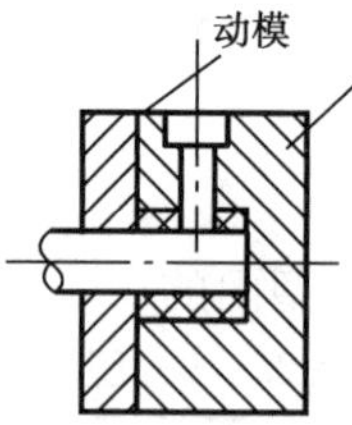	当塑件有侧抽芯时,应尽可能放在动模部分,避免定模抽芯
6	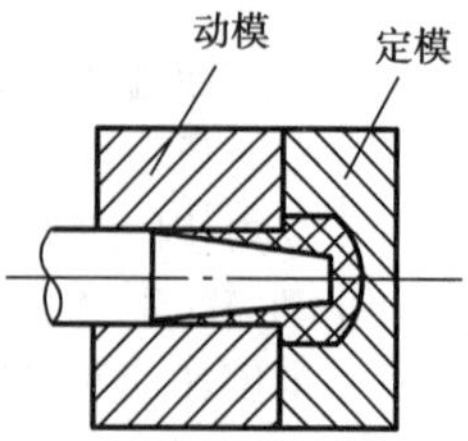	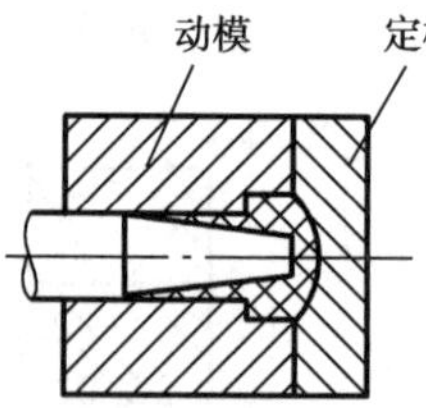	头部带有圆弧之类塑件,如果在圆弧部分分型,往往造成圆弧部分与圆柱部分错开,影响表面外观质量,所以一般选在头部的下端分型

续表

序号	推荐形式	不合理	说　明
7	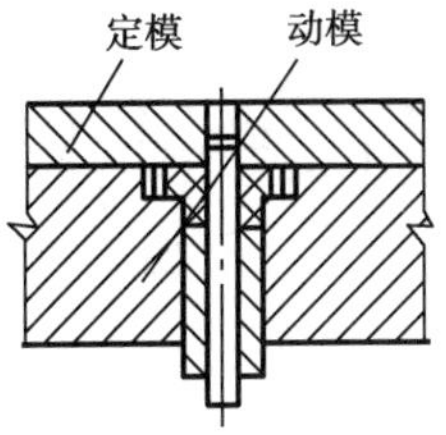 定模　动模	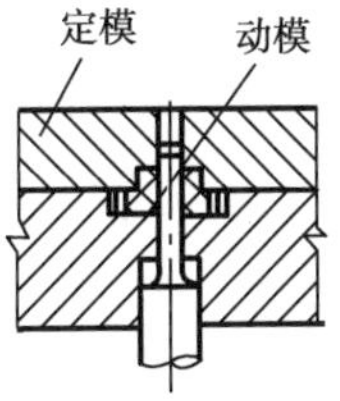 定模　动模	为了满足塑件同心度的要求,尽可能将型腔设计在同一块模板上
8	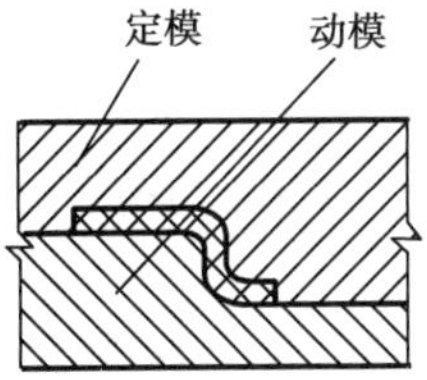 定模　动模	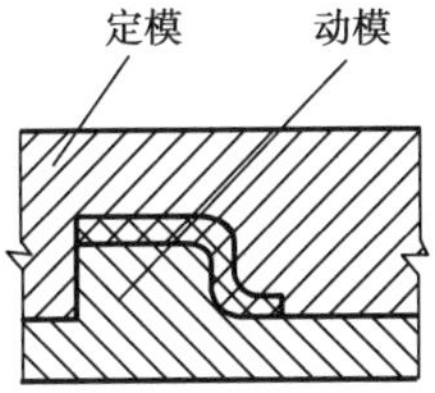 定模　动模	一般分型面应尽可能设在塑料流动方向的末端,以利于排气

2.4　浇注系统设计

2.4.1　浇注系统组成及设计基本原则

注塑模的浇注系统是指塑料熔体从注塑机喷嘴进入模具开始到型腔为止所流经的通道。它的作用是将熔体平稳地引入模具型腔,并在填充和固化定型过程中,将型腔内气体顺利排出,且将压力传递到型腔的各个部位,以获得组织致密,外形清晰,表面光洁和尺寸稳定的塑件。因此,浇注系统设计的正确与否直接关系到注塑成型的效率和塑件质量。浇注系统可分为普通浇注系统和热流道浇注系统两大类。

(1)普通浇注系统的组成

注塑模的浇注系统组成如图 2.13(a)和图 2.13(b)所示,浇注系统由主流道、分流道、浇口及冷料穴等四部分组成。

● 主流道　主流道是指从注塑机喷嘴与模具接触处开始,到有分流道支线为止的一段料流通道。它起到将熔体从喷嘴引入模具的作用,其尺寸的大小直接影响熔体的流动速度和填充时间。

● 分流道　分流道是主流道与型腔进料口之间的一段流道,主要起分流和转向作用,是浇注系统的断面变化和熔体流动转向的过渡通道。

● 浇口　浇口是指料流进入型腔前最狭窄部分,也是浇注系统中最短的一段,其尺寸狭小且短,目的是使料流进入型腔前加速,便于充满型腔,且又利于封闭型腔口,防止熔体倒流。另外,也便于成型后冷料与塑件分离。

● 冷料穴　在每个注塑成型周期开始时,最前端的料流接触低温模具后会降温、变硬成为

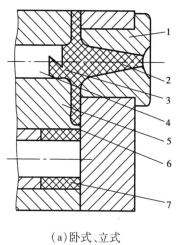 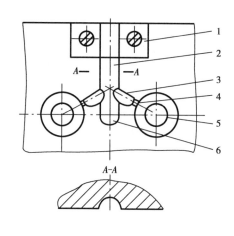

（a）卧式、立式　　　　　　　　　　　　　　　　　（b）直角式

图2.13　注塑机用模具普通浇注系统

1—主流道衬套；2—主流道；3—冷料穴　　　　　　1—主流道镶块；2—主流道；3—分流道

4—拉料杆；5—分流道；6—浇口；7—塑件　　　　　4—浇口；5—模腔；6—冷料穴

冷料。为防止此冷料堵塞浇口或影响制件的质量而设置的料穴称为冷料穴。冷料穴一般设在主流道的末端，有时在分流道的末端也增设冷料穴。

（2）**浇注系统设计的基本原则**

浇注系统设计是否合理不仅对塑件性能、结构、尺寸、内外在质量等影响很大，而且还与塑件所用塑料的利用率、成型生产效率等相关，因此浇注系统设计是模具设计的重要环节。对浇注系统进行总体设计时，一般应遵循如下基本原则：

1）必须了解塑料的工艺特性；

2）采用尽量短的流程，以减少热量与压力损失　浇注系统作为塑料熔体充填型腔的流动通道，要求流经其内的塑料熔体热量损失及压力损失减小到最低限度，以保持较理想的流动状态及有效地传递最终压力。为此，在保证塑件的成型质量，满足型腔良好的排气效果的前提下，应尽量缩短流程，同时还应控制好流道的粗糙度，并减少流道的弯折等，这样就能缩短填充时间，克服塑料熔体因热量损失和压力损失过大所引起的成型缺陷，从而缩短成型周期，提高成型质量，并可减少浇注系统的凝料量。

3）浇注系统设计应有利于良好的排气　浇注系统应能顺利地引导熔体充满型腔，料流快而不紊，并能把型腔的气体顺利排出。图2.14（a）所示的浇注系统，从排气角度考虑，浇口的位置就不合理，如改用图2.14（b）和图2.14（c）所示的浇注系统设置形式，则排气会良好。

4）防止型芯变形和嵌件位移　浇注系统的设计应尽量避免塑料熔体直冲细小型芯和嵌件，以防止熔体冲击力使细小型芯变形或使嵌件位移。

5）便于修整浇口以保证塑件外观质量　脱模后，浇注系统凝料要与成型后的塑件分离，为保证塑件的美观和使用性能等，应该使浇注系统凝料与塑件易于分离，切浇口痕迹易于清理修整。

6）浇注系统应结合型腔布局同时考虑　浇注系统的分布形式与型腔的排布密切相关，应在设计时尽可能保证在同一时间内塑料熔体充满各型腔，并且使型腔及浇注系统在分型面上的投影面积总重心与注塑机锁模机构的锁模力作用中心相重合，这对于锁模的可靠性及锁模

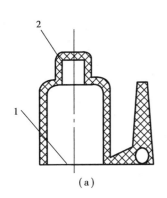
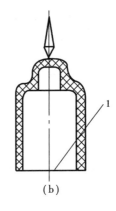
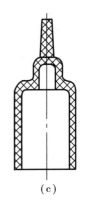

（a）　　　　　　　　　（b）　　　　　　　　　（c）

图 2.14　浇注系统与填充的关系

1—分型面；2—气泡

机构受力的均匀性都是有利的。

2.4.2　普通浇注系统设计

（1）主流道设计

主流道部分在成型过程中,其小端入口处与注塑机喷嘴及具有一定温度、压力的塑料熔体要冷热交替地反复接触,属易损件,对材料的要求较高,因而模具的主流道部分常设计成可拆卸更换的主流道衬套式(俗称浇口套),以便有效地选用优质钢材单独进行加工和热处理。一般采用碳素工具钢,如 T8A,T10A 等,热处理要求淬火 HRC53～57。主流道轴线一般位于模具中心线上,与注塑机喷嘴轴线重合。在卧式和立式注塑机注塑模中,主流道轴线垂直于分型面(图 2.14),主流道断面形状为圆形。在直角式注塑机用注塑模中,主流道轴线平行于分型面(图 2.15),主流道截面一般为等截面柱形,截面可为圆形、半圆形、椭圆形和梯形,以椭圆形应用最广。主流道设计要点如下:

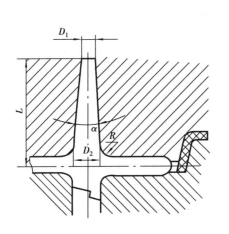

图 2.15　主流道的形状和尺寸

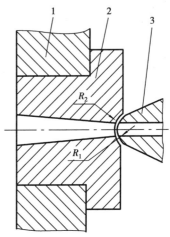

图 2.16　注塑机喷嘴与主流道
衬套球面接触($R_2 > R_1$)

1—定模底板；2—主流道衬套；3—喷嘴

55

• 为便于凝料从直流道中拔出,主流道设计成圆锥形(图2.16),锥角 $\alpha = 2° \sim 6°$,表面粗糙度 $R_a < 0.8~\mu m$,通常主流道进口端直径应根据注塑机喷嘴孔径确定。设计主流道截面直径时,应注意喷嘴轴线和主流道轴线对中,主流道进口端直径应比喷嘴直径大 $0.5 \sim 1$ mm。主流道进口端与喷嘴头部接触的形式一般是弧形(图2.16),主流道部分尺寸见表2.2。

表2.2 主流道部分尺寸

符 号	名 称	尺 寸
d	主流道小端直径	注塑机喷嘴直径 + $(0.5 \sim 1)$ mm
SR	主流道球面半径	喷嘴球面半径 + $(1 \sim 2)$ mm
h	球面配合高度	$3 \sim 5$ mm
α	主流道锥角	$2° \sim 6°$
L	主流道长度	≤ 60 mm
D	主流道大端直径	$d + 2L \tan \alpha/2$

• 主流道与分流道结合处采用圆角过渡,其半径 R 为 $1 \sim 3$ mm,以减小料流转向过渡时阻力。

• 在保证塑件成型良好的前提下,主流道的长度 L 尽量短,以减小压力损失及废料,一般主流道长度视模板的厚度,流道的开设等具体情况而定。

• 主流道衬套的形式,主流道的形式如图2.17所示。图2.17(a)为主流道衬套与定位圈设计为整体式,一般用于小型模具;图2.17(b)和图2.17(c)所示为将主流道衬套和定位圈设计成两个零件,然后配合固定在模板上。

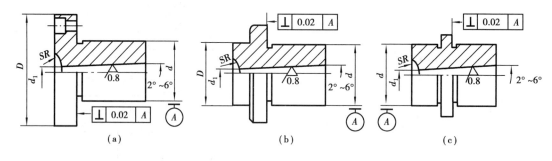

图2.17 主流道衬套

• 主流道衬套的固定,主流道衬套的固定如图2.18所示。

(2)分流道设计

在多型腔或单型腔多浇口(塑件尺寸大)时应设置分流道。分流道是指主流道末端与浇口之间这一段塑料熔体的流动通道。它是浇注系统中熔融状态的塑料由主流道流入型腔前,通过截面积的变化及流向变换以获得平稳流态的过渡段。因此要求所设计的分流道应能满足

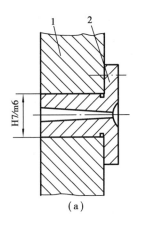
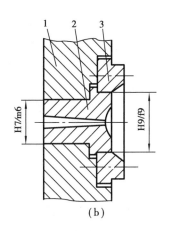
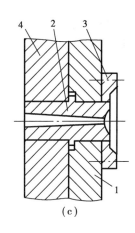

（a）　　　　　　　　　　（b）　　　　　　　　　　（c）

图 2.18　主流道衬套的固定形式

良好的压力传递和保持理想的填充状态,使塑料熔体尽快地流经分流道充满型腔,并且流动过程中压力损失及热量损失尽可能小,能将塑料熔体均衡地分配到各个型腔。

●分流道的截面形状及尺寸:分流道的形状尺寸主要取决于塑件的体积、壁厚、形状以及所加工塑料的种类、注塑速度、分流道长度等。分流道断面积过小,会降低单位时间内输送的塑料量,并使填充时间延长,塑料常出现缺料、波纹等缺陷;分流道断面积过大,不仅积存空气增多,塑件容易产生气泡,而且增大塑料耗量,延长冷却时间。但对注塑粘度较大或透明度要求较高的塑料,如有机玻璃,应采用断面积较大的分流道。常用的分流道截面形状及特点见表 2.3。

表 2.3　分流道截面形状及特点

截面形状	特　点	截面形状	特　点
圆形截面形状 $D = T_{max} + 1.5$ mm T_{max}——塑件最大壁厚	优点:比表面积最小,因此阻力小,压力损失最小,冷却速度最慢,流道中心冷凝慢,有利于保压 缺点:同时在两半模上加工圆形凹槽,难度大,费用高	梯形截面形状 $b = 4 \sim 12$ mm; $h = (2/3) b$; $r = 1 \sim 3$ mm	与 U 形截面特点近似,但比 U 形截面流道的热量损失及冷凝料都多;加工较方便,因此,也较常用
抛物线形截面(或 U 形) $h = 2r$ (r 为圆的半径)$\alpha = 10°$	优点:比表面积值比圆形截面大,但单边加工方便,且易于脱模 缺点:与圆形截面流道相比,热量及压力损失大,冷凝料多,较常用	半圆形和矩形截面	两者的比表面积均较大,其中矩形最大,热量及压力损失大,一般不常用

圆形断面分流道直径 D 一般在 2~12 mm 范围内变动。长度一般在 8~30 mm 之间,一般根据型腔布置适当加长或缩短,但最短不宜小于 8 mm。否则,会给塑件修磨和分割带来困难。

• 分流道的布置形式:分流道的布置形式取决于型腔的布局。其遵循的原则应是:排列紧凑,能缩小模板的尺寸,减小流程,锁模力力求平衡。

分流道的布置形式有平衡式和非平衡式两种,以平衡式布置最佳,平衡式的布置形式如表2.4。

表2.4　分流道平衡式布置的形式

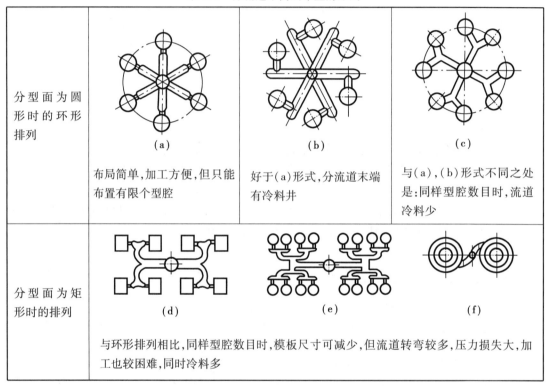

分型面为圆形时的环形排列	(a)	(b)	(c)
	布局简单,加工方便,但只能布置有限个型腔	好于(a)形式,分流道末端有冷料井	与(a),(b)形式不同之处是:同样型腔数目时,流道冷料少
分型面为矩形时的排列	(d)	(e)	(f)
	与环形排列相比,同样型腔数目时,模板尺寸可减少,但流道转弯较多,压力损失大,加工也较困难,同时冷料多		

分流道非平衡布置形式如表2.5所示,它的主要特征是各型腔的流程不同,为了达到各型腔同时均衡进料,必须将浇口加工成不同尺寸。同样空间时,比平衡式排列容纳的型腔数目多,型腔排列紧凑,总流程短。对于精度要求特别高的塑件,不宜采用非平衡式分流道。

• 分流道设计的要点:

①分流道的断面和长度设计,应在保证顺利脱模的前提下,尽量取小,尤其对小型塑件更为重要。

②分流道的表面积不必很光,表面粗糙度一般为 1.6 μm 即可,这样可以使熔融塑料的冷却皮层固定,有利于保温。

③当分流道较长时,在分流道末端应开设冷料穴(表2.3和表2.4),以容纳冷料,保证塑件的质量。

④分流道与浇口的连接处要以斜面或圆弧过渡(图2.19),有利于塑件的流动及填充。否则会引起反压力,消耗动能。

表 2.5　分流道非平衡式布置形式

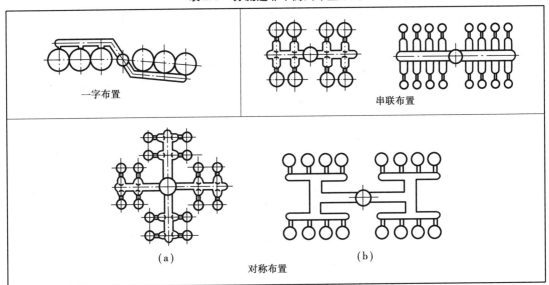

一字布置　　串联布置

（a）　　　（b）

对称布置

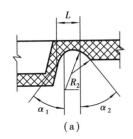 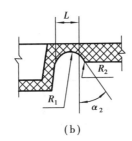 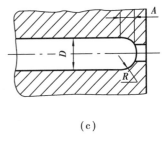

（a）　　　（b）　　　（c）

图 2.19　分流道与浇口的连接形式

（3）浇口的设计

浇口亦称进料口,是连接分流道和型腔的桥梁。浇口对塑料熔体流入型腔起控制作用,当注塑压力撤销后,浇口固化,封闭型腔,使型腔中尚未冷却固化的塑料不会倒流。浇口是浇注系统的关键部分,它对塑件的质量影响很大,一般情况浇口采用长度很短（0.5~2 mm）而截面很窄的小浇口。小浇口可使塑件熔体产生加速度和较大的剪切热,降低粘度,提高冲模能力;小浇口容易冷却固化,缩短模塑周期,防止保压不足而引起的倒流现象;小浇口还便于塑件与废料的分离。

1)浇口的断面形状及尺寸

浇口的断面形状常用圆形和矩形,浇口的尺寸一般根据经验确定并取其下限,然后在试模过程中根据需要将浇口加以修正。

①浇口截面的厚度 h:通常 h 可取塑件浇口处壁厚的 $1/3~2/3$ 或 $0.5~2$ mm。

②浇口的截面宽度 b:矩形截面的浇口,对于中小型塑件通常取 $b=(5~10)h$,对于大型塑件取 $b>10h$。

③浇口长度 L:浇口的长度 L 尽量短,对减小塑料熔体流动阻力和增加流速均有利,通常取 $L=0.5~2$ mm。

2)浇口的形式及其特点

注塑模的浇口形式较多,其形状和安放位置应根据实际需要综合来确定,浇口的形式及特点见表2.6。

表2.6　浇口的形式及特点

序号	浇口形式	简　图	特点及应用
1	直接浇口	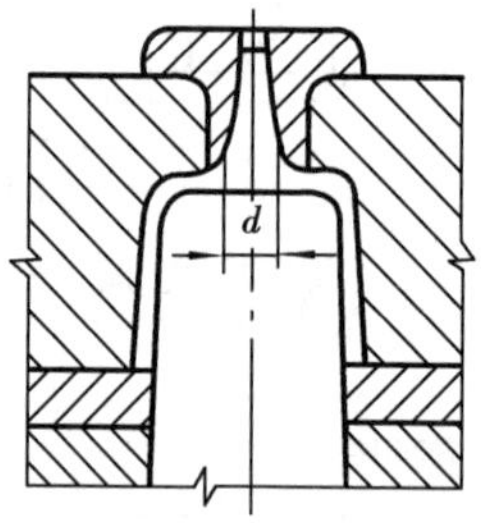	特点:浇口尺寸较大,流程又短,流动阻力小,进料快,压力传递好,保压,补缩作用强,利于排气和消除熔接痕。但浇口去除困难,且遗留痕迹明显,浇口附近热量集中,冷凝速度慢,故内应力大,且易产生气泡缩孔等缺陷 应用:适用于成型深腔的壳形或箱形塑件(如盆、桶、电视机后壳等),热敏性塑料,高粘度塑料及大型塑件,不宜成型平薄塑件及容易变形的塑件
2	盘形浇口或中心浇口	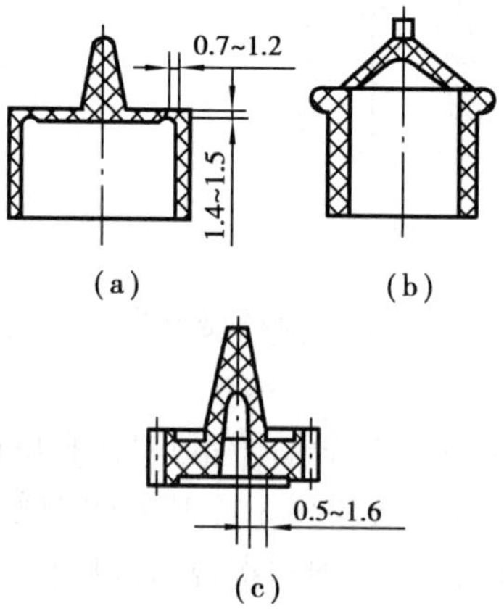	特点:此浇口是沿塑件内孔的整个圆周进料,故进料均匀,流动平稳,排气良好,塑件上无熔接痕。对于图(b)、图(c)两种形式,锥形头部的型芯还兼起分流锥的作用。但这种浇口冷料多,去除困难 应用:适用于单型腔的圆桶形塑件或中间带孔的塑件
3	轮辐式浇口	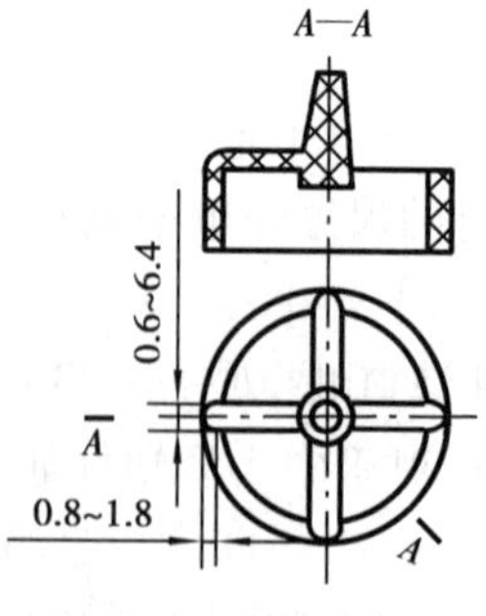	特点:该浇口是盘形浇口的一种变异形式。将盘形浇口的沿整个圆周进料改成几小段圆弧进料,浇口去除方便了,料头少了,同时,型芯还可以在对面的模板上定位,但塑件上的熔接痕增多了,从而对塑件强度有影响 应用:同于盘形浇口

続表

序号	浇口形式	简　图	特点及应用
4	爪形浇口		特点:该浇口是轮辐式浇口的一种变异形式。分流道与浇口不在同一平面,在型芯的头部开设几条立体流道,其余部分可起定位作用。因此,能更好地保证塑件的同轴度要求,且浇口去除也较方便了。但有熔接痕,影响塑件外观质量,浇口开设较困难 应用:主要应用于长筒形状或同轴度要求较高的塑件
5	侧浇口或边缘形浇口	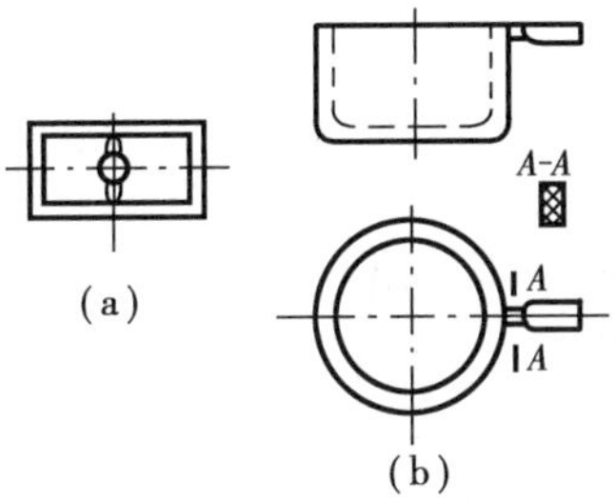 (a) (b) (a)浇口宽 b = (1.5~5) mm (b)浇口厚 h = (0.5~2)mm 浇口长 L = (0.7~2) mm	特点:可根据塑件的形状、特点灵活地选择塑件的某个边缘进料,一般开设在分型面上,它能方便地调整熔体充模时的剪切速率和浇口封闭时间。浇口的加工和去除均较方便。但侧浇口注塑压力损失大,熔料流速较高,保压补缩作用小,成型壳类件时排气困难,因而易形成熔接痕、缺料、缩孔等 应用:侧浇口能成型各种材料、各种形状的塑件,应用非常广泛。适用于一模多件
6	扇形浇口	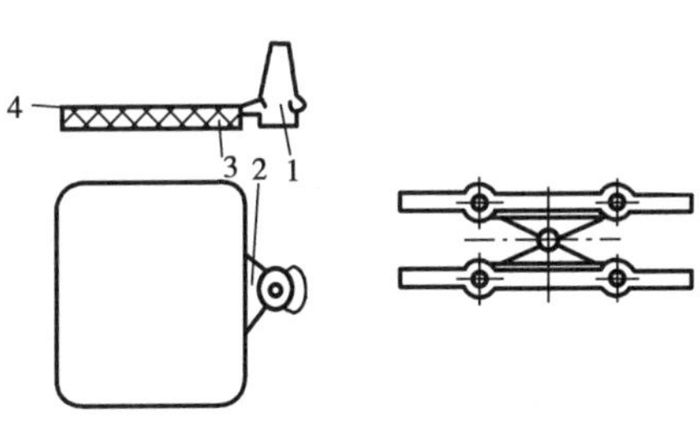 1—主浇道;2—浇口;3—塑件;4—分型面 浇口尺寸:一般深为 0.5~1 mm 或为浇口处塑件壁厚 1/3,2/3,宽为 6 mm	特点:它是侧浇口的变异形式,浇口沿进料方向逐渐变宽,厚度逐渐变薄,因而,沿宽度方向进料均匀,可降低塑件的内应力和减少空气带入型腔,克服了流纹及定向效应等缺陷,但浇口去除困难,且痕迹明显 应用:常用来成型宽度较大的薄片状塑件及细长形件,但对流程短的效果好,注意选择浇口位置,防止料流导致塑件变形

续表

序号	浇口形式	简 图	特点及应用
7	薄片浇口	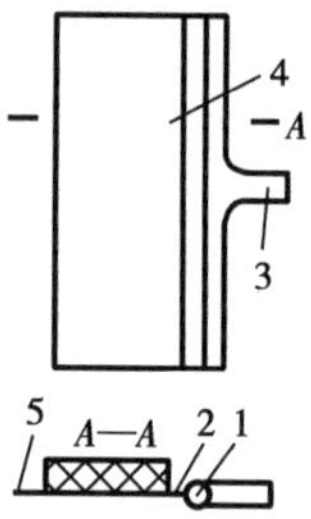 浇口长 $L = 0.7 \sim 1$ mm, 浇口厚度一般取 $0.25 \sim 0.65$ mm	特点:是侧浇口的另一种变异形式。塑料通过与塑件进料一侧同宽的浇口呈平行料流均匀地进入型腔,无熔接痕,因而,塑件内应力小,翘曲变形小,排气良好,并减少了气泡及缺料等缺陷。但去除浇口加工量大,且痕迹明显 应用:用于成型板、条之类的大面积扁平塑件,对防止聚乙烯塑件变形更为有效
8	点浇口或 菱形浇口	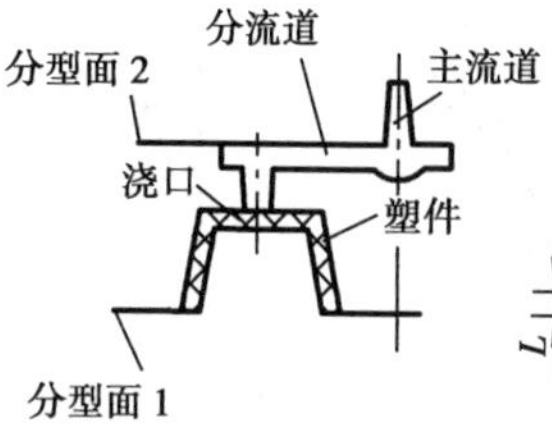 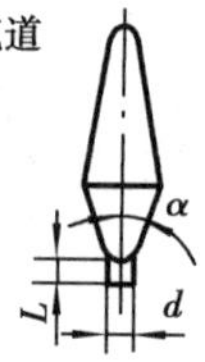 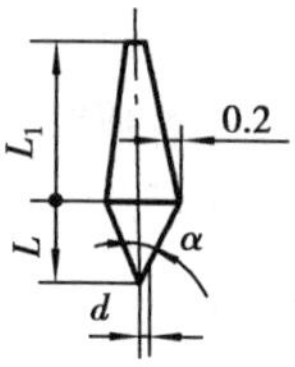 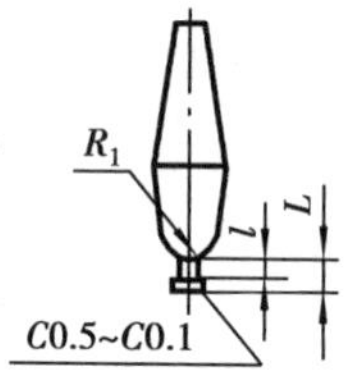 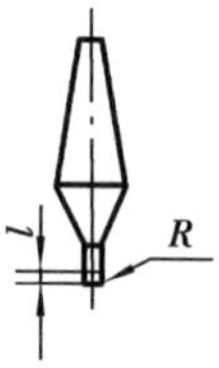 $l = 0.5 \sim 2$ mm, $d = 0.5 \sim 1.5$ mm, $\alpha = 6° \sim 15°$, $R_1 = 1.5 \sim 3$ mm, $R = 0.2 \sim 0.5$ mm, $H = 1 \sim 3$ mm; $L \geq (2/3)L_1$	特点:它是一种尺寸很小截面为圆形的直接浇口的特殊形式。开模时,浇口可以自动拉断,利于自动化操作,浇口去除后残留痕迹小。但注塑压力损失大,收缩大,塑件易变形。浇口尺寸太小时,料流易产生喷射,对塑件质量不利 应用:适用于成型熔体粘度随剪切速率提高而明显降低的塑料和粘度较低塑料。对成型流动性差及热敏性塑料、平薄易变形及形状复杂的塑件不利

序号	浇口形式	简　图	特点及应用
9	潜伏浇口或剪切浇口	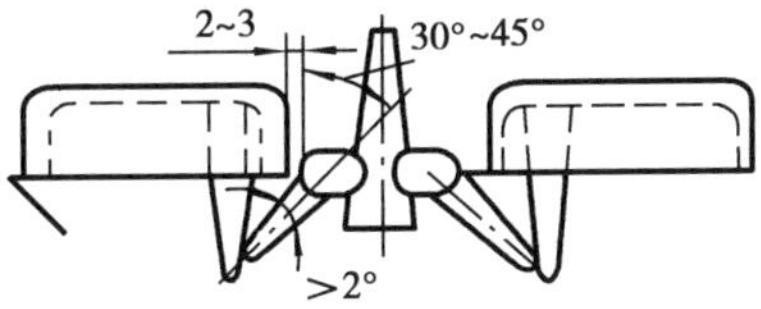 （a） 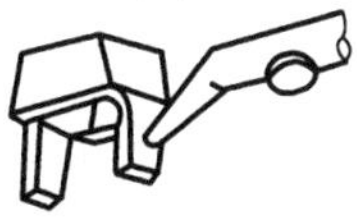 （b）	特点:它是由点浇口演变而来。其进料部分通过隧道可放在塑件的内表面、侧表面或表面看不见的肋、柱上,因而,它除具有点浇口的特点外,比点浇口的制件表面质量更好。这种浇口及流道的中心线与塑件顶出方向有一定的角度,靠顶出时的剪切力作用,使制件与浇口冷料分离。这种浇口注塑压力损失大,浇口加工困难 应用:主要用于表面质量要求高,大批量生产的多型腔小零件的模具
10	护耳式浇口或分接式浇口	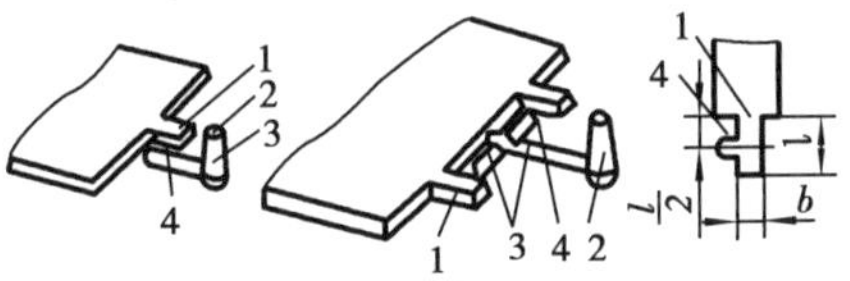 1—护耳;2—主浇道;3—分浇道;4—浇口 b 等于分浇道直径,$l = 1.5b$,厚为塑件壁厚的 0.9 倍	特点:可以克服小浇口易产生喷射及在浇口附近有较大内应力等缺陷,防止浇口处有脆弱点和破裂。护耳部分视塑件的要求去除或保留,可以保证塑件外观。但护耳去除困难 应用:适用于聚碳酸酯、ABS、有机玻璃、硬聚氯乙烯等流动性差,对应力敏感的塑料

3）浇口位置的选择

模具设计时,浇口的位置及尺寸要求比较严格,初步试模之后有时还需要修改浇口的尺寸。无论采用什么形式的浇口,其开设的位置对塑件的成型性能及成型质量影响均很大,因此合理选择浇口的开设位置是提高塑件质量的重要环节,同时浇口位置的不同还影响模具结构。总之如果要使塑件具有良好的性能与外表,要使塑件的成型在技术上可行、经济上合理,一定要认真考虑浇口位置的选择。一般在选择浇口位置的时候,需要根据塑件的结构工艺性及特征、成型质量和技术要求,并综合分析塑料熔体在塑料模内的流动特性、成型条件等因素。通常下述几项原则在实践中可供参考:

①浇口的尺寸及位置选择应避免料流产生喷射和蠕动　当塑料熔体通过一个狭小的浇口,进入一个宽度和厚度都较大的型腔的时候,会产生喷射和蠕动等熔体断裂现象,此时,喷出的高度定向的细丝或断裂物会很快冷却变硬,而与后进入型腔的塑料不能很好地熔合,使塑件

出现明显的熔接痕。如图2.20所示：

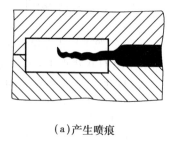

（a）产生喷痕　　　　　　　　　　（b）熔体前端平稳流入

图2.20　浇口的位置和喷痕

②浇口应开设在塑件断面较厚的部位，以利于熔体流动和补料　当塑件上壁厚不均时，在避免喷射的前提下，应把浇口位置放在壁厚处，原因：减小料流进口处的压力损耗，保证能在高压下充满型腔；再有，壁厚处往往是最后凝固的地方，易形成缩孔和表面凹陷（图2.21），而把浇口放在此处可利于补料，如图2.21（b）所示。

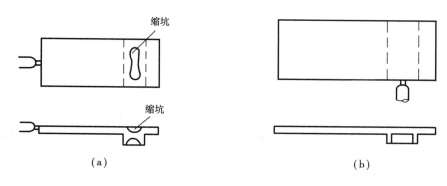

（a）　　　　　　　　　　　　　（b）

图2.21　浇口位置对缩孔的影响

③浇口位置的选择应使塑料流程最短，料流变向最少　在保证塑件良好冲模的前提下，应使塑件流程最短，变向最少，以减少流动能量的损失。如图2.22（a）的浇口位置，塑料流程不仅长，而且料流变向次数也最多，流动能量损失大，因此，塑料填充效果差；而改为图2.22（b）、（c）的浇口形式和位置，就能很好弥补上述缺陷。

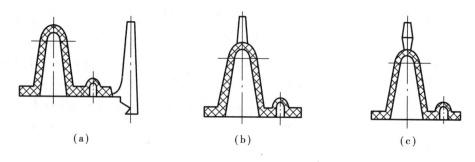

（a）　　　　　　　（b）　　　　　　　（c）

图2.22　浇口形式和位置对填充的影响

④浇口位置的选择应有利于型腔内气体的排出　塑料注入型腔时，若不能很好地把气体排出，将会在型腔中形成气泡，供料流熔接不牢或充不满腔等缺陷。如图2.23所示，若从排气

考虑,除在模具上加强排气之外,如将塑件的顶部加厚,使其先充满,最后充满浇口对边的分型面处,以利于排气,还可以通过改变浇口形式或位置来解决排气问题,如图 2.23(b)、(c)所示。

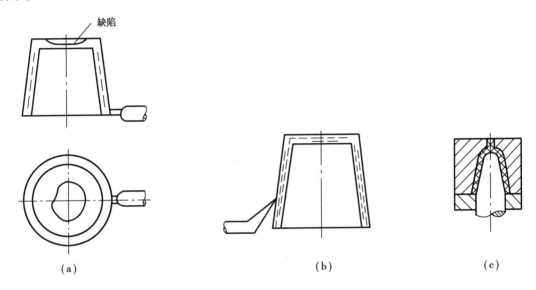

图 2.23　浇口形式不当产生气阻及解决办法

⑤浇口位置的选择应减少或避免塑件的熔接痕,增加熔接牢度　在塑料流程不太长的情况下,如无特殊需要,最好不要增加浇口数量,否则会增加熔接痕数量,如图 2.24。

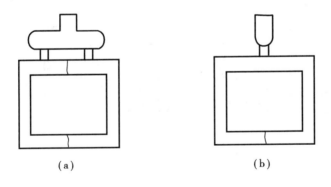

图 2.24　浇口数量对熔接痕数量的影响

⑥浇口位置的选择应防止料流将型芯或嵌件挤压变形　对于有细长型芯的圆桶形塑件,应避免偏心进料,以防止型芯受力不平衡而倾斜,如图 2.25 所示。图 2.25(a)进料位置不合理;图 2.25(b)采用两侧进料较好;图 2.25(c)采用型芯顶部中心进料最好。

表 2.7 列出浇口位置选择的对比示例:

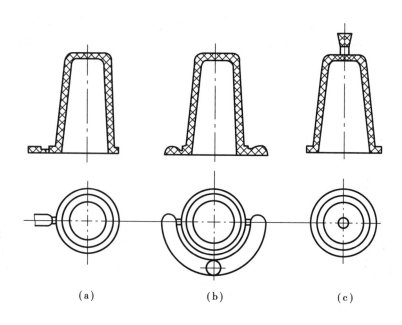

图 2.25　改变浇口位置防止型芯变形

表 2.7　浇口位置的对比示例

序号	选择合理	选择不合理	说　明
1		熔接痕	盒罩形塑件顶部壁薄,采用点浇口可减少熔接痕,有利于排气,可避免顶部缺料或塑料炭化
2			对底面积较大又浅的壳体塑件或平板状大面积塑件应兼顾内应力和翘曲变形问题,采用多点进料较为合理

序号	选择合理	选择不合理	说　明
3	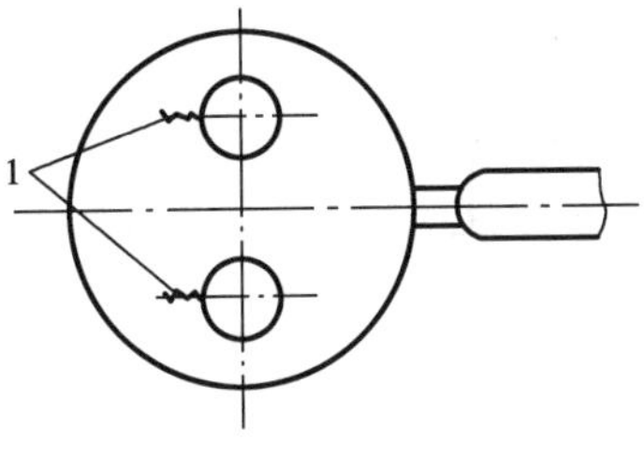 1—熔接痕	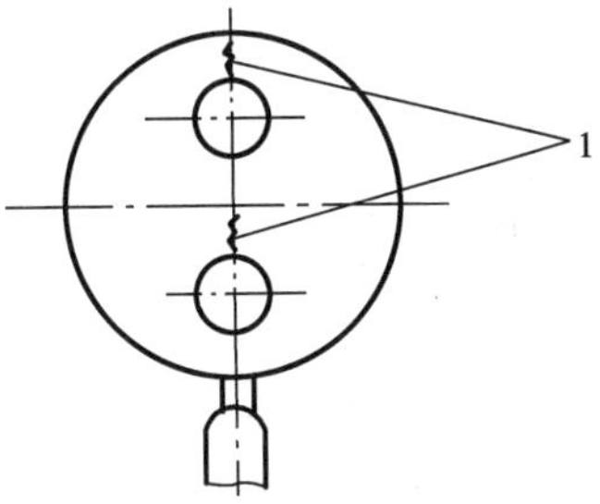 1—熔接痕	浇口位置应考虑熔接痕的范围,右图熔接痕与小孔连成一线,使强度大为削弱
4	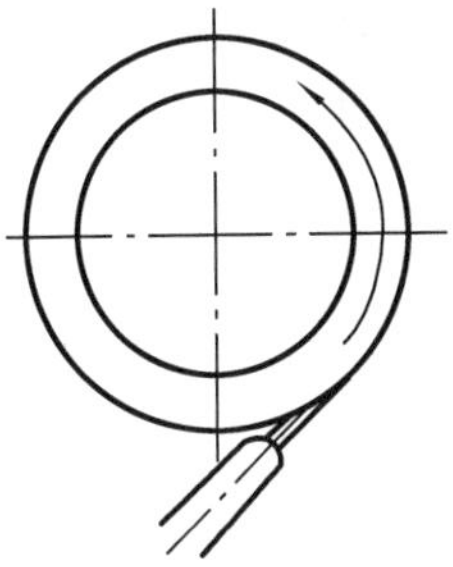	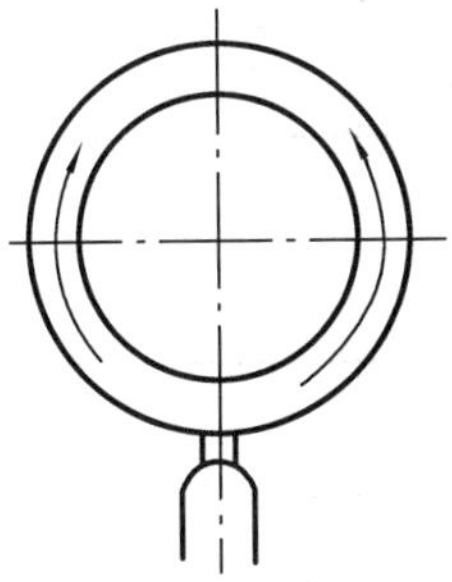	圆环形塑件采用切向进料,可减少熔接痕,提高熔接部位强度,有利于排气
5	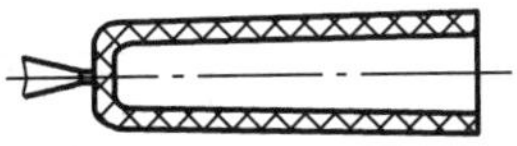	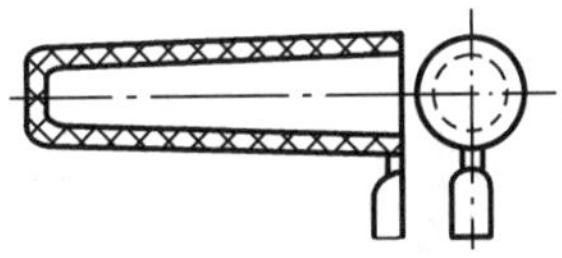	罩形、细长圆桶形、薄壁等塑件设置浇口时,应防止缺料,熔接不良,排气不良,型芯受力不均,流程过长等缺陷
6	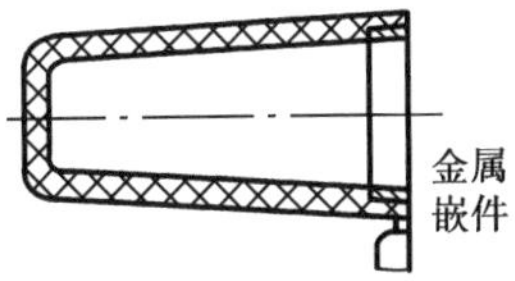 金属嵌件	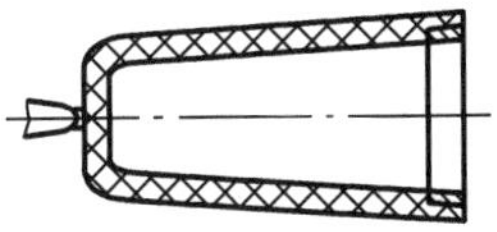	左图的塑件取向方向与收缩产生的残余拉应力方向一致,塑件使用后开裂的可能性大大减小

续表

序号	选择合理	选择不合理	说　明
7			选择浇口位置时,应注意去浇口后的残留痕迹不影响塑件使用要求及外观质量
8			对于有细长型芯的圆筒形塑件,设置浇口时应避免料流挤压型芯引起型芯变形或偏心

(4)冷料穴和拉料杆的设计

冷料穴能避免注塑成型时流动熔体前端的冷料头,进入型腔影响塑件的质量或堵塞浇口。冷料穴一般都设在主浇道的末端,且开在主浇道对面的动模板上,直径稍大于主浇道大端直径,以便于冷料的进入(图2.26)。冷料穴的形式不仅与主浇道的拉料杆有关,而且还与主浇道中的凝料脱模形式有关。

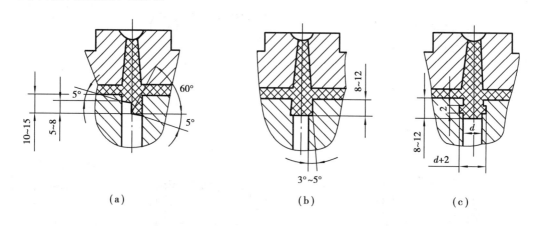

(a)　　　　　　　　　　(b)　　　　　　　　　　(c)

图2.26　冷料穴

当分浇道较长时,可将分浇道的尽头沿料流方向稍作延长而作冷料穴。并非所有的注塑模都要开设冷料穴,有时由于塑料的性能和注塑工艺的控制,很少有冷料产生或是塑件要求不高时可以不设冷料穴。常见的冷料穴及拉料杆的形式有如下几种:

● 钩形(Z形)拉料杆。如图2.26(a)所示,拉料杆的头部为Z形,伸入冷料穴中,开模时钩住主浇道凝料并将其从主浇道中拉出。拉料杆的固定端装在推杆固定板上,故塑件推出时,凝料也被推出,稍作侧移即将塑件连同浇注系统凝料一起取下。

　　●锥形或钩槽拉料穴。这种拉料穴(图 2.26(b)和(c)所示)开设在主浇道末端,储藏冷料。将拉料杆作成锥形或钩槽形,开模时起拉料作用。这种拉料形式适用于弹性较好的塑料成型。与钩形拉料杆相比,取凝料时不需要侧移,适宜自动化操作。对硬质塑料或热固性塑料也可使用,但锥度要小或钩槽要浅。

　　●球形头拉料杆。如图 2.27 所示,这种拉料杆头部为球形,开模时靠冷料对球形头的包紧力,将主浇道凝料从主浇道中拉出。这种拉料杆常用于弹性较好的塑料件并采用推件板脱模的情况,也常用于点浇口凝料自动脱落时,起拉料作用,球形头拉料杆还适用于自动化生产,但球形头部分加工比较困难。

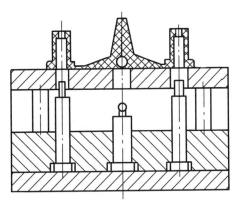

图 2.27　球形头拉料杆

　　●分流锥形拉料杆。这种拉料杆的头部做成圆锥形,如图 2.28(a)所示,为增加锥面与凝料间的摩擦力,可采用小锥度或将锥面做得粗糙些。这种拉料杆既起拉料作用,又起分流锥作用,分流锥形拉料杆广泛用于单型腔、中心有孔又要求较高同心度的塑件,如齿轮模具中经常使用。

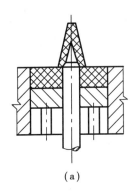
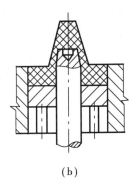

(a)　　　　　　　　　　　　　　　　(b)

图 2.28　分流锥形拉料杆

2.5 成型零件结构设计

2.5.1 成型零件的结构设计

在进行成型零件的结构设计时,首先应根据塑料的性能和塑件的形状、尺寸及其他使用要求,确定型腔的总体结构、浇注系统及浇口位置、分型面、脱模方式等,然后根据塑件的形状、尺寸和成型零件的加工及装配工艺要求进行成型零件的结构设计和尺寸计算。

（1）凹模

凹模是成型塑件外表面的凹状零件,通常可分为整体式和组合式两大类。

1）整体式凹模

整体式凹模是由整块钢材直接加工而成的,其结构如图 2.29 所示。这种凹模结构简单、牢固可靠,不易变形,成型塑件质量较好。但当塑件形状复杂时,其凹模的加工工艺性较差,因此整体式凹模适用形状简单的小型塑件的成型。

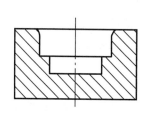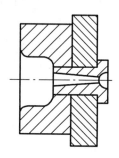

图 2.29 整体式凹模

2）组合式凹模

组合式凹模是由两个以上零件组合而成的,这种凹模改善了加工性,减少了热处理变形,节约了模具贵重钢材。但结构复杂,装配调整麻烦,塑件表面可能留有镶拼痕迹,因此,这种凹模主要用于形状复杂的塑件的成型。

组合式凹模的组合形式很多,常见的有以下几种:

● 整体嵌入式组合凹模 小型塑件用多型腔模具成型时,各单个凹模采用机械加工、冷冲压、电加工等加工方法制成,然后压入模板中。这种结构加工效率高,装拆方便,可以保证各个型腔形状、尺寸一致。凹模与模板的装配及配合如图 2.30,其中图 2.30(a),(b),(c)称为通孔凸肩式,凹模带有凸肩,从下面嵌入凹模固定板,再用垫板螺钉紧固。如果凹模镶件是回转体,而型腔是非回转体,则需要用销钉或键止转定位。图 2.30(b)是销钉定位,结构简单,装拆方便;图 2.30(c)是键定位,接触面大,止转可靠;图 2.30(d)是通孔无台肩式,凹模嵌入固定板内用螺钉与垫板固定;图 2.30(e)是非通孔的固定形式,凹模嵌入固定板后直接用螺钉固定在固定板上,为了不影响装配精度,使固定板内部的气体充分排除及装拆方便,常常在固定板下部设计有工艺通孔,这种结构可省去垫板。

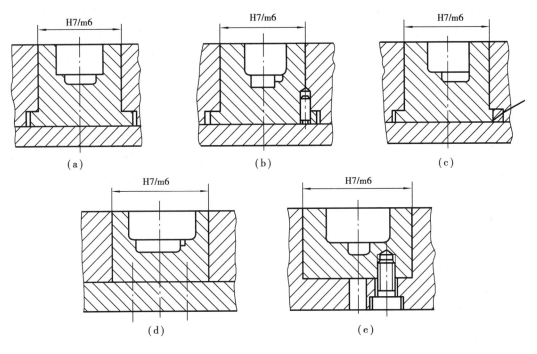

图 2.30　整体嵌入式凹模

● 局部镶嵌式凹模　对于型腔的某些部位，为了加工上的方便，或对特别容易磨损、需要经常更换的，可将该局部做成镶件，再嵌入凹模，如图 2.31 所示。

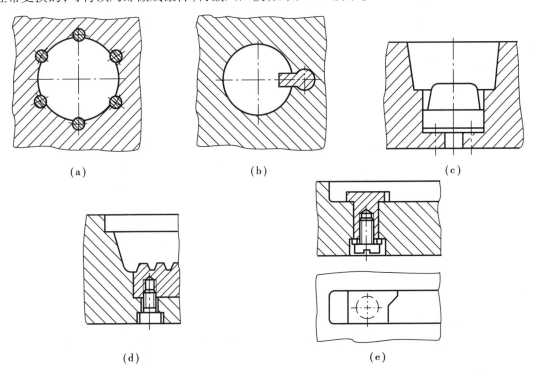

图 2.31　局部镶嵌式凹模

●镶拼式组合凹模　为了便于机械加工、研磨、抛光和热处理，整个凹模可由几个部分镶拼而成，如图 2.32。图 2.32(a)所示的镶拼式结构简单，但结合面要求平整，以防拼缝挤入塑料，飞边加厚，造成脱模困难，同时还要求底板应有足够的强度及刚度，以免变形而挤入塑料；图 2.32(b)、图 2.32(c)所示的结构，采用圆柱形配合面，塑料不易挤入，但制造比较费时。

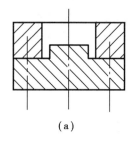 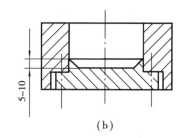 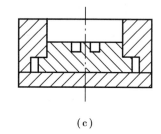

(a)　　　　　　　　　(b)　　　　　　　　　(c)

图 2.32　凹模底部镶拼结构

(2)凸模和型芯的结构设计

凸模和型芯均是成型塑件内表面的零件，凸模一般是指成型塑件中较大的、主要为柱形的零件，又称主型芯；型芯一般是指成型塑件上较小孔槽的零件。

1)凸模

凸模(主型芯)或型芯有整体式和组合式两大类。图 2.33 所示为整体式型芯，其中图2.33(a)为整体式，结构牢固，成型的塑件质量较好，但机械加工不便，优质钢材耗量较大。此种型芯主要用于形状简单的小型凸模(型芯)。凸模(型芯)和模板采用不同材料制成，然后连接成一体，如图 2.33(b)、图 2.33(c)、图 2.33(d)所示的结构。图 2.33(b)为通孔台肩式，凸模用台肩和模板相连，再用垫板螺钉紧固，连接比较牢固，是最常用的方法。对于固定部分是圆柱面而型芯有方向性的场合，可采用销钉或键止转定位，图 2.33(c)是通孔无台式；图2.33(d)为非通孔的结构。对于形状复杂的大型凸模(型芯)，为了便于机械加工，可采用组合式的结构。图 2.34 为镶拼式组合凸模(型芯)。

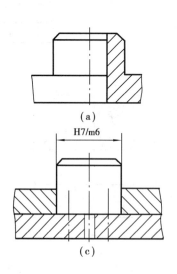 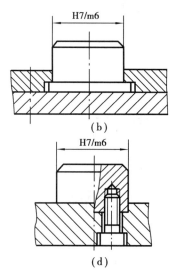

(a)　　　　　　　　　(b)

(c)　　　　　　　　　(d)

图 2.33　整体式凸模

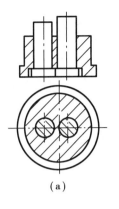
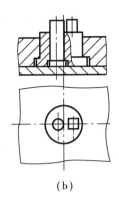
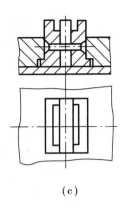

（a）　　　　　　　　　　　（b）　　　　　　　　　　　（c）

图 2.34　镶拼式组合凸模（型芯）

2）小型芯

小型芯又称成型杆，它是指成型塑件上较小的孔或槽的零件。

• 孔的成型方法

a. 通孔的成型方法：通孔的成型方法如图 2.35 所示，图 2.35（a）由一端固定的型芯来成型，这种结构的型芯容易在孔的一端 A 处形成难以去除的飞边，如果孔较深则型芯较长，容易产生弯曲变形；图 2.35（b）由两个直径相差 0.5～1 mm 的型芯来成型，即使两个小型芯稍有不同轴，也不会影响装配和使用，而且每个型芯较短，稳定性较好，同样在 A 处也有飞边，且去除较难；图 2.35（c）是较常用的一种，它由一端固定，另一端导向支撑的型芯来成型，这样型芯的强度和刚度较好，从而保证孔的质量，如在 B 处产生圆形飞边，也较易去除，但导向部分容易磨损。

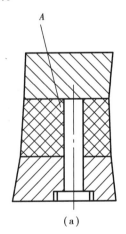
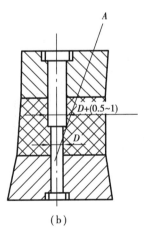
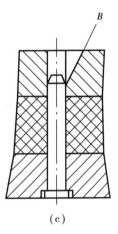

（a）　　　　　　　　　　　（b）　　　　　　　　　　　（c）

图 2.35　通孔的成型方法

b. 盲孔的成型方法：盲孔只能采用一端固定的型芯来成型。为了避免型芯弯曲或折断，孔的深度不宜太深。孔深应小于孔径的 3 倍；直径过小或深度过大的孔宜在成型后用机械加工的方法得到。

c. 复杂孔的成型方法：形状复杂的孔或斜孔可采用型芯拼合的方法来成型，如图 2.36 所示。这种拼合方法可避免采用侧抽芯机构，从而使模具结构简化。

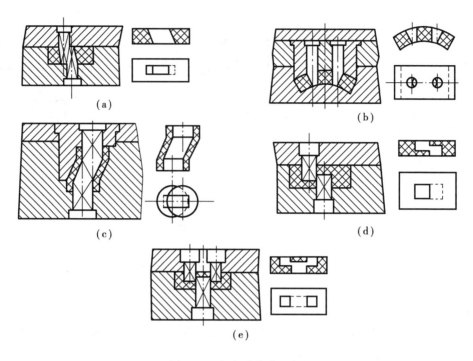

图 2.36　复杂孔的成型方法

- 小型芯的固定方法

小型芯通常是单独制造,然后嵌入固定板中固定,其固定方式如图 2.37 所示:

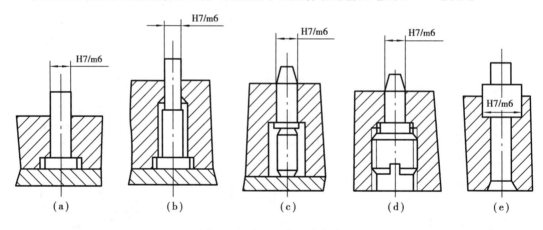

图 2.37　小型芯的固定方式

图 2.37(a)是台肩固定的形式,下面用垫板压紧;如固定板太厚,可在固定板上减少配合长度,如图 2.37(b)所示;图 2.37(c)是型芯细小而固定板太厚的形式,型芯镶入后,在下端用圆柱垫垫平;图 2.37(d)是用于固定板厚而无垫板的场合,在型芯的下端用螺塞紧固;图 2.37(e)是型芯镶入后在另一端采用铆接固定的形式。

对于非圆形型芯,为了便于制造,可将其固定部分做成圆形的,并采用台阶连接,如图 2.38(a)所示,有时仅将成型部分做成异形的,其余部分则做成圆形的,并用螺母及弹簧垫圈拉紧,如图 2.38(b)所示。

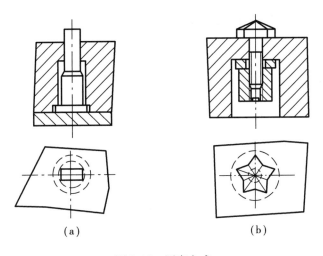

图 2.38　固定方式

（3）成型零件工作尺寸的计算

所谓工作尺寸是指成型零件上直接用以成型塑件部分的尺寸,主要有型腔和型芯的径向尺寸,型腔的深度和高度尺寸、中心距尺寸等(图 2.39)。任何塑件都有一定的尺寸要求,在安装和使用中有配合要求的塑件,一般对其尺寸公差常要求较小。在设计模具时,必须根据塑件的尺寸和公差要求来确定相应的成型零件的尺寸和公差。

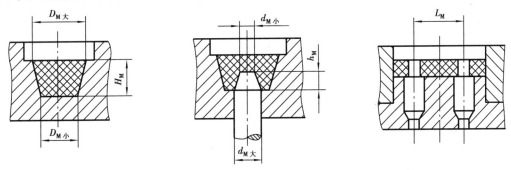

图 2.39　成型零件的工作尺寸

1）影响塑件尺寸公差的原因

影响塑件尺寸公差的原因有很多,而且相当复杂,主要因素有:

①成型零件的制造误差。成型零件的公差等级越低,其制造公差也越大,因而成型的塑件公差等级也越低。实验表明,成型零件的制造公差 δ_Z 一般可取塑件总公差 Δ 的 1/3 ~ 1/4,即 $\delta_Z = \Delta/3 \sim \Delta/4$。

②成型零件的磨损量。由于在成型过程中的磨损,型腔尺寸将越变越大,型芯或凸模尺寸越来越小,中心距尺寸基本保持不变。塑件脱模过程的摩擦磨损是最主要的,因此,为了简化计算,凡与脱模方向垂直的成型零件表面可不考虑磨损;而与脱模方向相平行的表面应考虑磨损。

对于中小型塑件,最大磨损量 δ_C 可取塑件总公差 Δ 的 1/6,即 $\delta_C = \Delta/6$;对于大型塑件则取 $\Delta/6$ 以下。

③成型收缩率的偏差和波动。收缩率是在一定范围内变化的,这样必然会造成塑件尺寸

误差。因收缩率波动所引起的塑件尺寸误差可按式(2.1)计算：

$$\delta_{\mathrm{S}} = (S_{\max} - S_{\min})L_{\mathrm{s}} \tag{2.1}$$

式中　δ_{S}——收缩率波动所引起的塑件尺寸误差；

　　　$S_{\max}$——塑料的最大收缩率(％)；

　　　$S_{\min}$——塑料的最小收缩率(％)；

　　　L_{s}——塑件尺寸。

据有关资料介绍,一般可取 $\delta_{\mathrm{S}} = \Delta/3$。

设计模具时,可以参照试验数据,根据实际情况,分析影响收缩的因素,选择适当的平均收缩率。

④模具安装配合的误差。由于模具成型零件的安装误差或在成型过程中成型零件配合间隙的变化,都会影响塑件的尺寸误差。安装配合误差常用 δ_{i} 表示。

⑤水平飞边厚度的波动。水平飞边厚度很薄,甚至没有飞边,所以对塑件高度尺寸影响很小。误差用 δ_{f} 表示。

综上所述,塑件可能产生的最大误差 δ 为上述各种误差的总和,即

$$\delta = \delta_{\mathrm{z}} + \delta_{\mathrm{C}} + \delta_{\mathrm{S}} + \delta_{\mathrm{i}} + \delta_{\mathrm{f}} \tag{2.2}$$

式(2.2)是极端的情况,即所有误差都同时偏向最大值或最小值时得到的,但从或然率的观点出发,这种几率接近于零,各种误差会互相抵消一部分。

由式(2.2)可知,塑件公差等级往往是不高的。塑件的公差值应大于或等于上述各种因素所引起的积累误差。即：

$$\Delta \geqslant \delta$$

因此,在设计塑件时应慎重决定其公差值,以免给模具制造和成型工艺条件的控制带来困难。一般情况下,以上影响塑件公差的因素中,模具制造误差 δ_{z}、成型零件的磨损量 δ_{C} 和收缩率的波动 δ_{S} 是主要的,而且并不是塑件的所有尺寸都受上述各因素的影响。例如,用整体式凹模成型的塑件,其径向尺寸(宽或长)只受 δ_{z},δ_{C},δ_{S} 的影响,而其高度只受 δ_{z},δ_{S} 的影响。

在生产大尺寸塑件时,δ_{S} 对塑件公差影响很大,此时应着重设法稳定工艺条件和选用收缩率波动小的塑料,并在模具设计时,慎重估计收缩率作为计算成型尺寸的依据。单靠提高成型零件的制造精度是没有实际意义的,也是不经济的。相反,生产小尺寸塑件时,δ_{z} 和 δ_{C} 对塑件公差的影响比较突出,此时应主要提高零件的制造精度和减少磨损量。在精密成型中,减少成型工艺条件的波动是一个很重要的问题,单纯地根据塑件的公差来确定成型零件的尺寸公差是难以达到要求的。

2)成型零件工作尺寸计算方法

成型零件工作尺寸的计算方法一般按平均收缩率、平均制造公差和平均磨损量进行计算。为计算简便起见,塑件和成型零件均按单向极限将公差带置于零线的一边,以型腔内径成型塑件外径时,规定型腔基本尺寸 L_{M} 为型腔最小尺寸,偏差为正,表示为 $L_{\mathrm{M}} + \delta_{\mathrm{z}}$；塑件基本尺寸 L_{S} 为塑件最大尺寸,偏差为负,表示为 $L_{\mathrm{S}} - \Delta$,如图 2.40(a)所示。以型芯外径成型塑件内径时,规定型芯最大尺寸为基本尺寸,表示为 $L_{\mathrm{M}} - \delta_{\mathrm{z}}$,塑件内径最小尺寸为基本尺寸,表示为 $L_{\mathrm{S}} + \Delta$,如图 2.40(b)所示。即凡是孔都是以它的最小尺寸作为基本尺寸,凡是轴都是以它的最大尺寸作为基本尺寸。从图 2.40(a)可见,计算型腔深度时,以 $H_{\mathrm{S}} + \delta_{\mathrm{z}}$ 表示型腔深度尺寸,以 $H_{\mathrm{S}} - \Delta$ 表示对应的塑件高度尺寸。计算型芯高度尺寸时,以 $H_{\mathrm{M}} - \delta_{\mathrm{z}}$ 表示型芯高度尺寸,以 $H_{\mathrm{S}} + \Delta$

表示对应的塑件上的孔深,如图 2.40(b)所示。

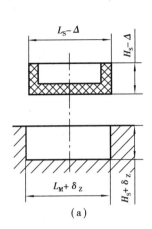 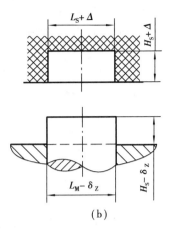

图 2.40   塑件尺寸与模具成型尺寸

①型腔和型芯工作尺寸计算

型腔和型芯径向尺寸:

型腔径向尺寸:已知在规定条件下的平均收缩率 S_{CP},塑件尺寸 $L_S - \Delta$,磨损量 δ_C,则塑件的平均尺寸为 $L_S - \Delta/2$,如以 $L_M + \delta_Z$ 表示型腔尺寸,则型腔的平均尺寸为 $L_M + \delta_Z/2$,型腔磨损量 $\delta_C/2$ 时的平均尺寸为 $L_M + \delta_Z/2 + \delta_C/2$,而

$$L_M + \delta_Z/2 + \delta_C/2 = (L_S - \Delta/2) + (L_S - \Delta/2)S_{CP} \tag{2.3}$$

对于中心型塑件,令 $\delta_Z = \Delta/3$,$\delta_C = \Delta/6$,并将比其他各项小得多的 $(\Delta/2)S_{CP}$ 略去,则为

$$L_M = L_S + L_S S_{CP} - 3\Delta/4$$

标注制造公差后,则为:

$$L_M = (L_S + L_S S_{CP} - 3\Delta/4) + \delta_Z \tag{2.4}$$

型芯径向尺寸:已知在规定条件下的平均收缩率 S_{CP}、塑件尺寸 $L_S + \Delta$、磨损量 δ_C,如以 $L_M - \delta_Z$ 表示型芯尺寸,经过和上面型腔径向尺寸计算类似的推导,可得

$$L_M = (L_S + L_S S_{CP} + 3\Delta/4) - \delta_Z \tag{2.5}$$

上列式(2.4)及式(2.5)中,Δ 的系数取 1/2 ~ 3/4,塑件尺寸及公差大的取 1/2,相反则取 3/4。

型腔深度和型芯高度尺寸:

型腔深度尺寸:已知规定条件下的平均收缩率 S_{CP},塑件尺寸 $H_S - \Delta$,如以 $H_M + \delta_Z$ 表示型腔深度尺寸,则为:

$$H_M + \delta_Z/2 = (H_S - \Delta/2) + (H_S - \Delta/2)S_{CP}$$

令 $\delta_Z = \Delta/3$,并略去 $(\Delta/2)S_{CP}$ 项后,则为:

$$H_M = H_S + H_S S_{CP} - 2\Delta/3$$

标注制造公差,则为:

$$H_M = (H_S + H_S S_{CP} - 2\Delta/3) + \delta_Z \tag{2.6}$$

型芯高度尺寸:已知规定条件下的平均收缩率 S_{CP},塑件尺寸 $H_S + \Delta$,如以 $H_M - \delta_Z$ 表示型芯高度尺寸,经过类似推导可得:

$$H_M = (H_S + H_S S_{CP} + 2\Delta/3) - \delta_Z \tag{2.7}$$

上列式(2.6)及式(2.7)中,Δ 的系数有的资料取 1/2。

②型腔和型芯脱模斜度的确定

塑件成型后为便于脱模,型腔和型芯在脱模方向应有脱模斜度,其值的大小按塑件精度及脱模难易而定。一般在保证塑件精度要求的前提下,宜尽量取大些,以便于脱模。型腔的斜度可比型芯取小些,因为塑料对型芯的包紧力较大,难以脱模。

在取脱模斜度的时候,对型腔尺寸应以大端为基准,斜度取向小端方向;对型芯尺寸应以小端为准,斜度取向大端方向。当塑件的结构不允许有较大斜度或塑件为精密级精度时,脱模斜度只能在公差范围内选取;当塑件为中级精度要求时,其脱模斜度的选择应保证在配合面的 2/3 长度内满足塑件公差要求,一般取 $\alpha = 10' \sim 20'$;当塑件为粗级精度时,脱模斜度可取 $\alpha = 20',30',1°,1°30',2°,3°$。

说明:

● 成型精度较低的塑件,按上列公式计算而得的工作尺寸,其数值只算到小数点后的第一位,第二位四舍五入;成型精度较高的塑件,其工作尺寸的数值要算到小数点后第二位,第三位四舍五入。

● 对于收缩率很小的聚苯乙烯、醋酸纤维素等塑料,在用注塑模成型薄壁塑件时,可以不考虑收缩,其工作尺寸按塑件尺寸加上其制造公差即可。

● 在计算成型零件尺寸时,如能了解塑件的使用性能,着重控制它们的配合尺寸(如孔和外框)、装配尺寸等,对其余无关紧要的尺寸简化计算,甚至可按基本尺寸不放缩,也不控制成型零件的制造公差,则可大大简化设计与制造。

③中心距工作尺寸计算

塑件上孔的中心距对应着模具上型芯的中心距,反之塑件上突起部分的中心距对应着模具上孔的中心距,如图2.41 所示。

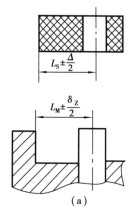
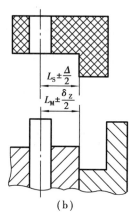

图2.41 型芯中心距与塑件对应中心距的关系

中心距尺寸标准一般采用双向等值公差,设塑件中心距尺寸为 $L_S \pm \Delta/2$,模具中心距尺寸为 $L_M \pm \delta_Z/2$。

影响模具中心距尺寸的因素有:

● 模具制造公差 δ_Z:模具上型芯的中心距取决于安装型芯的孔的中心距,用普通方法加工孔时,制造误差与孔间距离有关,表2.8列出了经济制造误差与孔间距之间的关系。在坐标镗床上加工时,轴线位置尺寸偏差不会超过 0.015 ~ 0.02 mm,并与基本尺寸无关。

表 2.8　孔间距公差　　　　　/mm

孔间距	制造公差
< 80	± 0.01
80 ~ 220	± 0.02
220 ~ 360	± 0.03

● 若型芯与模具上的孔成间隙配合时,配合间隙 δ_j 也会影响模具的中心距尺寸。对一个型芯来说,当偏移到极限位置时,引起的中心距偏差为 $0.5\delta_j$,如图 2.41(a)所示。过盈配合的型芯或模具没有此项偏差。

● 由于工艺条件和塑料变化引起收缩率的波动,使中心距尺寸发生变化。

● 假设模具在使用过程中型芯在圆周上系均匀磨损,则磨损不会使中心距发生变化。

由于塑件尺寸和模具尺寸都是按双向等值公差标准,磨损又不会使中心距发生变化,因此塑件基本尺寸 L_S 和模具基本尺寸 L_M 分别是塑件和模具的平均尺寸,故有

$$L_M = L_S + L_S S_{CP}$$

标注制造公差后,则为

$$L_M = (L_S + L_S S_{CP}) \pm \delta_Z/2 \tag{2.8}$$

④型芯(或成型孔)中心到成型面距离尺寸计算

安装在凹模内的型芯(或孔)中心与凹模侧壁距离尺寸和安装在凸模上的型芯(或孔)中心与凸模边缘距离尺寸,都属于这类成型尺寸,如图 2.42 所示。

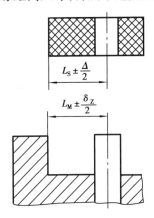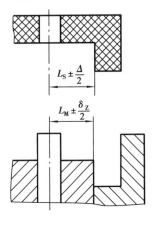

图 2.42　型芯(或成型孔)中心到成型面的距离

● 安装在凹模内的型芯中心与凹模侧壁距离尺寸的计算

由于塑件尺寸和模具尺寸都是按双向等值公差值标注的,所以塑件的平均尺寸为 L_S,模具的平均尺寸为 L_M。在使用过程中型芯径向磨损并不改变该距离的尺寸,但型腔磨损会使该尺寸发生变化。设型腔径向允许磨损量为 δ_C,则就其一个侧壁与型芯的距离尺寸而言,允许最大磨损量为 δ_C 的 1/2,故该尺寸的平均值为 $L_M + \delta_C/2$。

按平均收缩率计算模具基本尺寸如下:

$$L_{\mathrm{M}} + \delta_{\mathrm{C}}/4 = L_{\mathrm{S}} + L_{\mathrm{S}}S_{\mathrm{CP}}$$

整理并标注制造公差：

$$L_{\mathrm{M}} = (L_{\mathrm{S}} + L_{\mathrm{S}}S_{\mathrm{CP}} - \delta_{\mathrm{C}}/4) \pm \delta_{\mathrm{Z}}/2 \tag{2.9}$$

● 安装在凸模上的型芯（或孔）中心与凸模边缘距离尺寸计算

由于凸模垂直壁在使用中不断磨损，使距离尺寸 L_{M} 发生变化，凸模壁最大磨损量为允许最大径向磨损量 δ_{C} 的 $1/2$，故该尺寸的平均值为 $L_{\mathrm{M}} - \delta_{\mathrm{Z}}/4$。

经过类似的推导，可得出按平均收缩率计算的成型尺寸为：

$$L_{\mathrm{M}} = (L_{\mathrm{S}} + L_{\mathrm{S}}S_{\mathrm{CP}} + \delta_{\mathrm{C}}/4) \pm \delta_{\mathrm{Z}}/2 \tag{2.10}$$

由于 $\delta_{\mathrm{C}}/4$ 的数值很小（因为一般 $\delta_{\mathrm{C}} = \Delta/6$），只有成型精密塑件时才考虑该磨损，一般塑件，此类尺寸仍可按中心距工作尺寸计算。

2.5.2 模具型腔侧壁和底板厚度的设计

（1）强度及刚度

塑料模型型腔壁厚及底板厚度的计算是模具设计中经常遇到的重要问题，尤其对大型模具更为突出。目前常用计算方法有按强度和按刚度条件计算两大类，但实际的塑料模却要求既不允许因强度不足而发生明显变形甚至破坏，也不允许因刚度不足而发生过大变形。因此要求对强度及刚度加以合理考虑。

在塑料模注塑过程中，型腔所承受的力是十分复杂的。型腔所受的力有塑料熔体的压力、合模时的压力、开模时的拉力等，其中最重要的是塑料熔体的压力。在塑料熔体的压力作用下，型腔将产生内应力及变形。如果型腔壁厚和底板厚度不够，当型腔中产生的内应力超过型腔材料的许用应力时，型腔即发生强度破坏。与此同时，刚度不足则发生过大的弹性变形，从而产生溢料和影响塑件尺寸及成型精度，也可能导致脱模困难等。可见模具对强度和刚度都有要求。

对大尺寸型腔，刚度不足是主要矛盾，应按刚度条件计算；对小尺寸型腔，强度不够则是主要矛盾，应按强度条件计算。强度计算的条件是满足各种受力状态下的许用应力。刚度计算的条件则由于模具的特殊性，可以从以下几个方面加以考虑：

1）要防止溢料。模具型腔的某些配合面当高压塑料熔体注入时，会产生足以溢料的间隙。为了使型腔不致因模具弹性变形而发生溢料，此时应根据不同塑料的最大不溢料间隙来确定其刚度条件。如尼龙、聚乙烯、聚丙烯、聚丙醛等低粘度塑料，其允许间隙为 0.025～0.03 mm；对聚苯乙烯、有机玻璃、ABS 等中等粘度塑料为 0.05 mm；对聚砜、聚碳酸酯、硬聚氯乙烯等高粘度塑料为 0.06～0.08 mm。

2）应保证塑件精度。塑件均有尺寸要求，尤其是精度要求高的小型塑件，这就要求模具型腔具有很好的刚性。

3）要有利于脱模。一般来说塑料的收缩率较大，故多数情况下，当满足上述两项要求时已能满足本项要求。

上述要求在设计模具时其刚度条件应以这些项中最苛刻者（允许最小的变形值）为设计标准，但也不宜无根据地过分提高标准，以免浪费钢材，增加制造困难。

（2）型腔和底板的强度及刚度计算

一般常用计算法和查表法，圆形和矩形凹模壁厚及底板厚度常用计算公式，型腔壁厚的计算比较复杂且繁琐,为了简化模具设计,一般采用经验数据或查有关表格。

2.6　合模导向装置的设计

合模导向装置是保证动模与定模或上模与下模合模时正确定位和导向的装置。合模导向装置主要有导柱导向和锥面定位。导柱导向装置的主要零件是导柱和导套。有的不用导套而在模板上镗孔代替导套,该孔通称导向孔。导柱导向装置如图 2.43 所示。

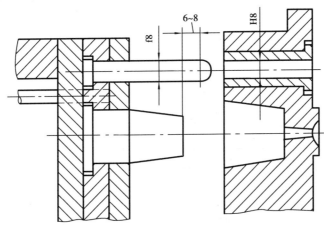

图 2.43　导柱导向装置

2.6.1　导向机构的作用

●定位作用　模具闭合后,保证动定模或上下模位置正确,保证型腔的形状或尺寸精确;导向机构在模具装配过程中也起了定位作用,便于装配和调整。

●导向作用　合模时,首先是导向零件接触,引导动定模或上下模准确闭合,避免型芯先进入型腔造成成型零件的损坏。

●承受一定的侧向压力　塑料熔体在充型过程中可能产生单向侧压力,或者由于成型设备精度低的影响,使导柱承受了一定的侧向压力。若侧压力很大,不能单靠导柱来承担,需增设锥面定位机构,以保证模具的正常工作。

2.6.2　导柱导向机构

导柱导向机构的主要零件是导柱和导套。

（1）导柱

1）导柱的结构形式　导柱的典型结构如图 2.44 所示。图 2.44（a）是带头导柱,结构简单,加工方便,用于简单模具。小批量生产一般不需要用导套,而是导柱直接与模板中的导向孔配合。生产批量大时,也可在模板中设置导套,导向孔磨损后,只需更换导套即可。图 2.44（b）和图 2.44（c）是有肩导柱的两种形式,其结构较为复杂,用于精度要求高、生产批量大的模具。导柱与导套相配合,导套固定孔直径与导柱固定孔直径相等,两孔可同时加工,确保同轴度的要求。其中图 2.44（c）所示导柱用于固定板太薄的场合,在固定板下面再加垫板固定,这种结

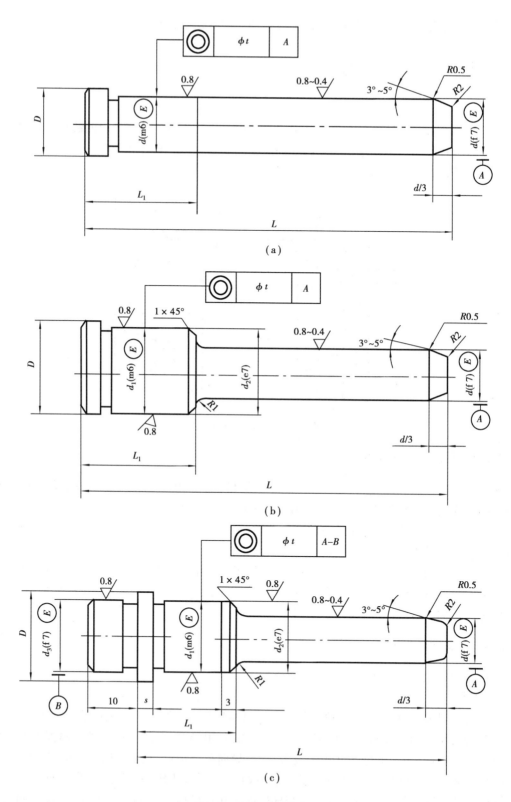

图 2.44　导柱的结构形式

构不太常用。导柱的导滑部分根据需要可加工出油槽,以便润滑和集尘,提高使用寿命。

2)导柱结构和技术要求

● 长度　导柱导向部分的长度应比凸模端面的高度高出 8～12 mm,以避免出现导柱未导正方向而型芯先进入型腔。

● 形状　导柱前端应做成锥台形或半球形,以使导柱顺利地进入导向孔。

● 材料　导柱应具有硬而耐磨的表面,坚韧而不易折断的内芯,因此多采用 20 钢经渗碳淬火处理或 T8,T10 钢经淬火处理,硬度为 HRC50～55。导柱固定部分表面粗糙度 R_a 为 0.8 μm,导向部分表面粗糙度 R_a 为 0.8～0.4 μm。

● 数量及布置　导柱应合理均布在模具分型面的四周,导柱中心至模具边缘应有足够的距离,以保证模具强度(导柱中心到模具边缘距离通常为导柱直径的 1～1.5 倍)。为确保合模时只能按一个方向合模,导柱的布置可采用等直径导柱不对称布置或不等直径导柱对称布置,如图 2.45。

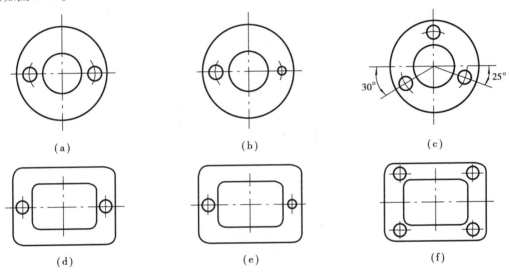

图 2.45　导柱的布置形式

导柱既可以设置在动模一侧,也可以设置在定模一侧,应根据模具结构来确定。在不妨碍脱模取件的条件下,导柱通常设置在型芯高出分型面较多的一侧。

● 配合精度　导柱固定端与模板之间一般采用 H7/m6 或 H8/f7 的间隙配合。

(2)**导套**

1)导套的结构形式　导套的典型结构如图 2.46 所示。图 2.46(a)为直导套(Ⅰ型导套),结构简单,加工方便,用于简单模具或导套后面没有垫板的场合;图 2.46(b)和图 2.46(c)为带头导套(Ⅱ型导套),结构较为复杂,用于精度较高的场合;导套的固定孔便于与导柱的固定孔同时加工,其中图 2.46(c)用于两块板固定的场合。

2)导套结构和技术要求

● 形状　为使导柱顺利地进入导套,在导套的前端应倒圆角。导柱孔最好做成通孔,以利于排出孔内空气及残渣废料。如模板较厚,导柱孔必须做成盲孔时,可在盲孔的侧面打一小孔排气。

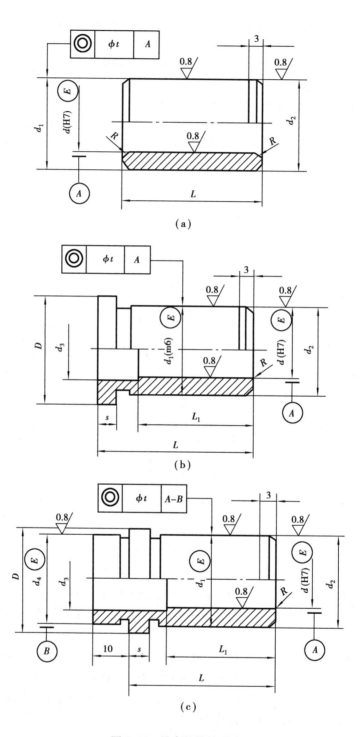

图 2.46　导套的结构形式

　　● 材料　导套用与导柱相同的材料或铜合金等耐磨材料制造,其硬度一般应低于导柱硬度,以减轻磨损,防止导柱或导套拉毛。导套固定部分和导滑部分的表面粗糙度 R_a 一般为0.8 μm。

• 固定形式及配合精度 Ⅰ型导套用 H7/r6 配合镶入模板,为了增加导套镶入的牢固性,防止开模时导套被拉出来,可采用图 2.47 的固定方法。图 2.47(a)是将导套侧面加工成缺口,从模板的侧面用紧固螺钉固定导套;图 2.47(b)是用环形槽代替缺口;图 2.47(c)是导套侧面开孔,用螺钉紧固;导套也可以在压入模板后用铆接端部的方法来固定,但这种方法不便装拆更换。Ⅱ型导套用 H7/m6 或 H7/k6 配合镶入模板。

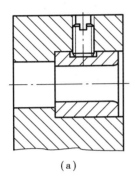 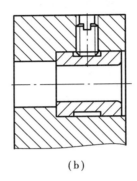 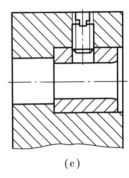

　　(a)　　　　　　　　　　　(b)　　　　　　　　　　　(c)

图 2.47　导套的固定形式

• 导柱与导套的配用 导柱与导套的配用形状要根据模具的结构及生产要求而定,常见的配用形式如图 2.48 所示。

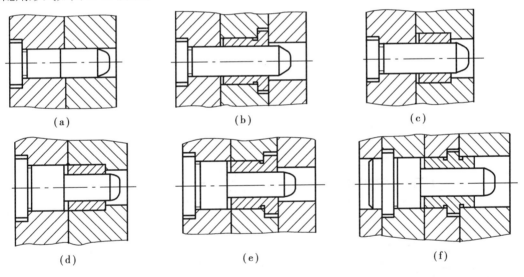

图 2.48　导柱与导套的配用形式

（3）锥面定位机构

图 2.49 为增设锥面定位的模具,适用于模塑成型时侧向压力很大的模具。例如,在成型精度要求高的大型、深腔、薄壁塑件时,型腔内侧向压力可能引起型腔或型芯的偏移。如果这种侧向压力完全由导柱承担,会造成导柱折断或咬死,这时除了设置导柱导向外,应增设锥面定位机构。锥面定位有两种形式,一种是两锥面间留有间隙,将淬火镶块(图 2.49 中右上图)装在模具上,使它与两锥面配合,制止型腔或型芯的偏移;另一种是两锥面配合(图 2.49 中右下图),锥面角度愈小愈有利于定位,但由于开模力的关系,锥面角也不宜过小,一般取 5°～20°,配合高度在 15 mm 以上,两锥面都要淬火处理。在锥面定位机构设计中要注意锥面配合

形式,如果是型芯模块环抱型腔模块,型腔模块无法向外涨开,在分型面上不会形成间隙,这是合理的结构。

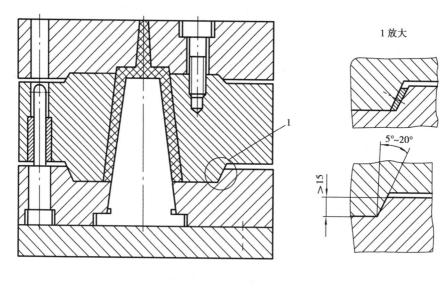

图 2.49　锥面定位机构

2.7　推出机构设计

在注塑成型的每一个循环中,塑件必须由模具的型腔或型芯上脱出,脱出塑件的机构称为推出机构。推出机构的推件动作如图 2.50 所示:在闭模状态下塑件冷却成型,如图 2.50(a)所示;在开模状态下推杆将塑件推出模外,如图 2.50(b)所示。

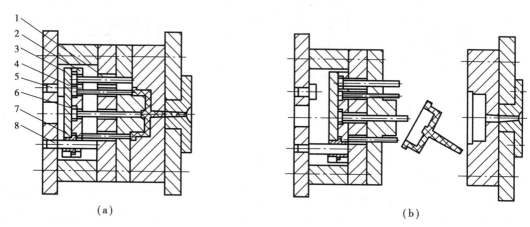

（a）　　　　　　　　　　　　　　　　（b）

图 2.50　推出机构
1—复位杆;2—推杆固定板;3—推杆推板;4—推杆;
5—支承钉;6—流道推杆;7—导套;8—导柱

2.7.1　推出机构的结构组成及各部分的作用

如图 2.50 所示,推出机构主要由以下零件组成。复位杆 1、推杆固定板 2、推杆推板 3、推杆 4、支承钉 5、流道推杆 6、导套 7、导柱 8 等组成。其他形式的推出机构,组成部件有所不同。

2.7.2　推出机构的分类

1)按动力来源分　推出机构可分为手动推出机构:开模后,靠人工操纵推出机构来推出塑件;机动推出机构:利用注塑机的开模动作驱动推出机构,实现塑件的自动脱模;液压与气动推出机构:利用注塑机上的专用液压和气动装置,将塑件推出或从模具中吹出。

2)按模具结构分　推出机构可分为简单推出机构、二级推出机构、双向推出机构。

2.7.3　机构的设计原则

①塑件留在动模。设计模具时,必须考虑在开模过程中保证塑件留在动模上,这样的推出机构较为简单。

②保证塑件不因推出而变形或损坏。脱模力作用的位置应尽量靠近型芯。同时脱模力应施加于塑件刚性和强度最大的部位,如凸缘、加强肋等处,作用面积也尽可能大一些。

③保证塑件良好的外观。推出塑件的位置应尽量设在塑件的内部或对塑件外观影响不大的部件。

④结构可靠。推出机构应工作可靠,动作灵活,制造方便,更换容易,且本身具有足够的强度和刚度,还必须考虑合模时的正确复位,不与其他零件干涉。

2.7.4　简单推出机构

简单推出机构也叫一次推出机构,即塑件在推出机构的作用下,通过一次动作就可脱出模外的形式。它一般包括推杆推出机构、推管推出机构、推件板推出机构、推块推出机构等,这类推出机构最常见,应用也最广泛。

(1)推杆推出机构

推杆推出机构是最简单最常用的一种形式,因为推杆的截面形状可以根据塑件的情况而定,如圆形、矩形等。其中以圆形最常用。

1)推杆的形状及固定形式

如图 2.51 是各种形状的推杆。A 型、B 型为圆形截面的推杆,C 型、D 型为非圆形截面推杆。A 型最常用,结构简单,尾部采用台肩的形式,台肩的直径 D 与推杆的直径约差 4~6 mm;B 型为阶梯形推杆,由于推杆工作部分比较细小,故在其后部加粗以提高刚性;C 型为整体式非圆形截面的推杆,它是在圆形截面的基础上,在工作部分铣削成型;D 型为插入式非圆形截面的推杆,其工作部分与固定部分用两销钉联接,这种形式并不常用。推杆直径 d 与模板上的推杆孔采用 H8/f7~H8/f8 的间隙配合。

由于推杆的工作端面在合模注塑时是型腔底面的一部分,如果推杆的端面低于型腔底面,则在塑件上会留下一个凸台,这样将影响塑件的使用。因此,通常推杆装入模具后,其端面应与型腔底面平齐或高出型腔底面 0.05~0.1 mm。

图 2.52 所示为推杆的固定形式。图 2.52(a)为带台肩的推杆与固定板联接的形式,这种

形式是最常用的形式;图 2.52(b)采用垫块或垫圈来代替图 2.52(a)中固定板上的沉孔,这样可使加工简便;图 2.52(c)的结构中,推杆的高度可以调节,两个螺母起锁紧作用;图 2.52(d)是推杆底部用螺塞拧紧的形式,它适用于推杆固定板较厚的场合;图 2.52(e)是细小推杆用铆接的方法固定的形式;图 2.52(f)的结构为较粗的推杆镶入固定板后采用螺钉紧固的形式。

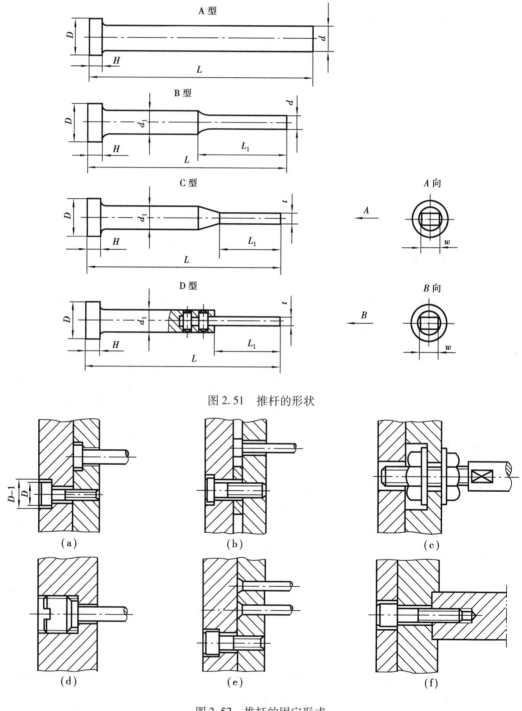

图 2.51　推杆的形状

图 2.52　推杆的固定形式

推杆固定端与推杆固定板通常采用单边 0.5 mm 的间隙,这样既可降低加工要求,又能在多推杆的情况下,不因由于各板上的推杆孔加工误差引起的轴线不一致而发生卡死现象。推杆的材料常用 T8,T10 碳素工具钢,热处理要求硬度 HRC≥50,工作端配合部分的表面粗糙度 R_a≤0.8 μm。

2)推杆位置的设置　合理地布置推杆的位置是推出机构设计中的重要工作之一,推杆位置分布得合理,塑件就不至于产生变形或破坏。

● 推杆应设在脱模阻力大的地方　如图 2.53(a),型芯周围塑件对型芯包紧力很大,所以可在型芯外侧塑件的端面上设推杆,也可在型芯内靠近侧壁处设推杆。如果只在中心部分推出,塑件容易出现被顶坏的现象,如 2.53(b)所示。

● 推杆应均匀布置　当塑件各处脱模阻力相同时,应均匀布置推杆,保证塑件被推出时受力均匀,推出平稳、不变形。

● 推杆应设在塑件强度刚度较大处　推杆不宜设在塑件薄壁处,尽可能设在塑件壁厚、凸缘、加强肋等处,如图 2.53(c)所示,以免塑件变形损坏。如果结构需要,必须设在薄壁处时,可通过增大推杆截面积,以降低单位面积的推出力,从而改善塑件的受力状况,如图 2.53(d)所示,采用盘形推杆推出薄壁圆盖形塑件,使塑件不变形。

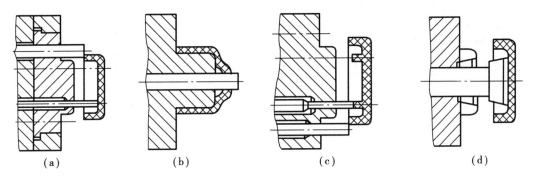

图 2.53　推杆的设置

3)推杆的直径　推杆在推塑件时应具有足够的刚性,以承受推出力,为此只要条件允许,应尽可能使用大直径推杆。当结构有限,推杆直径较小时,推杆易发生弯曲、变形,如图 2.54 所示,在这种情况下,应适当增大推杆直径,使其工作端一部分顶在塑件上。同时,在复位时,端面与分型面齐平,如图 2.53(a)、(c)所示。

(2)推管推出机构

对于中心有孔的圆形套类塑件,通常使用推管推出机构。图 2.55 为推管推出机构的结构,图 2.55(a)是型芯固定在模具底板上的形式,这种结构型芯较长,常用在推出距离不大的场合,当推出距离较大时可采用图 2.55 中的其他形式;图 2.55(b)用方销将型芯固定在动模板上,推管在方销的位置处开槽,推出时让开方销,推管与方销的配合采用 H8/f7 ~ H8/f8;图 2.55(c)为推管在模板内滑动的形式,这种结构的型芯和推管都较短,但模板厚度较大,当推出距离较大时,采用这种结构不经济。

推管的配合如图 2.56 所示,推管的内径与型芯相配合,当直径较小时选用 H8/f7 的配合,当直径较大时选用 H7/f7 的配合;推管外径与模板孔相配合,当直径较小时选用 H8/f8 的配合,当直径较大时选用 H8/f7 的配合。推管与型芯的配合长度一般比推出行程大 3 ~ 5 mm;推管与模板的配合长度一般取推管外径的 1.5～2 倍。推管的材料、热处理要求及配合部分的表面粗糙度要求与推杆相同。

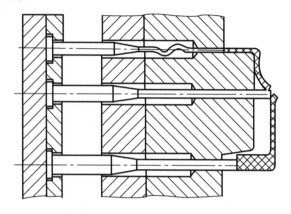

图 2.54　细长推杆易发生弯曲变形

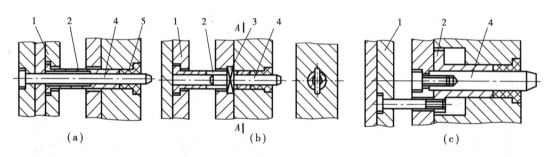

图 2.55　推管推出机构

1—推管固定板；2—推管；3—方销；4—型芯；5—塑件

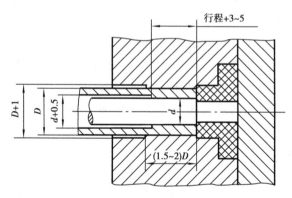

图 2.56　推管的配合

（3）推件板推出机构

推件板推出机构是由一块与凸模按一定配合精度相配合的模板。在塑件的整个周边端面上进行推出，因此作用面积大，推出力大而均匀，运动平稳，并且塑件上无推出痕迹。但如果型芯和推件板的配合不好，则在塑件上会出现毛刺，而且塑件有可能会滞留在推件板上。图2.57所示是推件板推出机构的示例。图 2.57(a)是由推杆推着推件板 4 将塑件从凸模上推出，这种结构的导柱应足够长，并且要控制好推出行程，以防止推件板脱落；图 2.57(b)的结构可避免推件板脱落,推杆的头部加工出螺纹,拧入推件板内。图 2.57(a)、图 2.57(b)这两种结构是常用的结构形式;图 2.57(c)是推件板镶入动模板内,推件板和推杆之间采用螺纹联接,这样的结构紧凑,推件板在推出的过程中也不会脱落;图 2.57(d)是注塑机上的顶杆直接作用在推件板上,这种形式的模具结构简单,适用于有两侧顶出机构的注塑机。

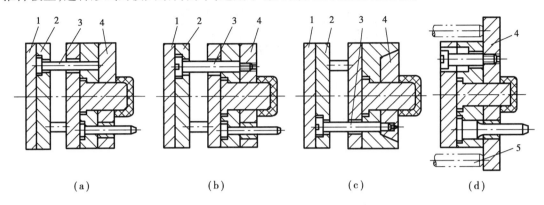

(a)　　　　　　　(b)　　　　　　　(c)　　　　　　　(d)

图 2.57　推件板推出机构

1—推板;2—推杆固定板;3—推杆;4—推件板;5—注塑机顶杆

在推出的过程中,由于推件板和型芯有摩擦,所以推件板也必须进行淬火处理,以提高耐磨性。但对于外形为非圆形的塑件来说,复杂形状的型芯又要求淬火后才能与淬硬的推件板很好相配,这样配合部分的加工就较困难,因此,推件板推出机构主要适用于塑件内孔为圆形或其他简单形状的场合。

在推件板推出机构中,为了减小推件板与型芯的摩擦,可采用图 2.58 所示的结构,推件板与型芯间留 0.2 ~ 0.25 mm 的间隙,并用锥面配合,以防止推件板因偏心而溢料。对于大型的深腔塑件或用软塑料成型的塑件,推件板推出时,塑件与型芯间容易形成真空,造成脱模困难,为此应考虑增设进气装置。图 2.59 所示结构是靠大气压力,使中间进气阀进气,塑件便能顺利从凸模上脱出。另外也可采用中间直接设置推盘的形式,使推出时很快进气。

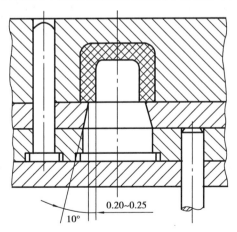

0.20~0.25

10°

图 2.58　推件板与凸模锥面的配合形式

91

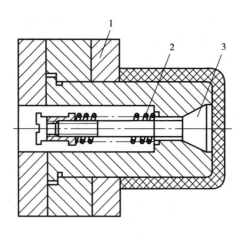

图 2.59　推件板推出机构的进气装置
1—推件板;2—弹簧;3—阀杆

2.7.5　推出机构的导向与复位

(1)导向零件

当推杆较细时,固定它的固定板及垫板的重量,容易使推杆弯曲,以至在推出时不够灵活,甚至折断,故常设导向零件。导柱的数量一般不少于两个。常见的形式如图 2.60 所示,图 2.60(a)的导柱,除了起导向作用外,还起支承作用,可以减小注塑成型时支承板的弯曲。当推件的数量较多,塑件的产量较大时,光有导柱是不够的,还需要装配导套,以延长导向零件的寿命及使用的可靠性,如图 2.60(b)所示。

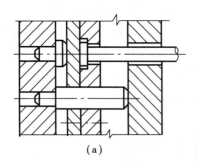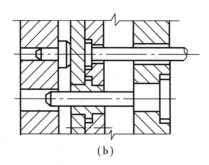

(a)　　　　　　　　　　　　(b)

图 2.60　推出机构的导向零件

(2)复位零件

为了使推出零件在合模后能回到原来的位置,推杆或推管推出机构中通常还设有复位杆。复位杆必须和推杆固定在同一块板上,它的长度必须一致,分布必须均匀,它的端面要与所在动模的分型面齐平。在有的模具中复位杆可以省去。

2.7.6　排气系统的设计

型腔内气体的来源,除了型腔内原有的空气外,还有因塑料受热或凝固而产生的低分子挥发气体。塑料熔体向注塑模型腔填充过程中,必须要考虑把这些气体顺序排出,否则,不仅会引起物料注塑压力过大,熔体填充型腔困难,造成充不满模腔,而且,气体还会在压力作用下渗进塑料中,使塑料产生气泡,组织疏松,熔接不良。因此在模具设计时,要充分考虑排气问题。

一般来说,对于结构复杂的模具,事先较难估计发生气阻的准确位置。所以,往往需要通过试模来确定位置,然后再开排气槽。排气槽一般开设在型腔最后被充满的地方。排气的方式有开设排气槽排气和利用模具零件配合间隙排气。

(1)**开设排气槽排气应遵循的原则**

1)排气槽最好开设在分型面上,因为分型面上因排气槽产生飞边,易随塑件脱出。

2)排气槽的排气口不能正对着操作人员,以防熔料喷出而发生工伤事故。

3)排气槽最好开设在靠近嵌件和塑件最薄处,因为这样的部位最容易形成熔接痕,宜排出气体,并排出部分冷料。

4)排气槽的宽度可取 1.5~1.6 mm,其深度以不大于所用塑料的溢边值为限,通常为0.02~0.04 mm。排气槽形式如图 2.61 所示。

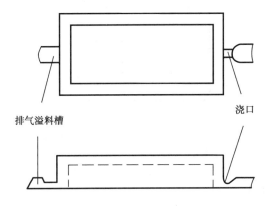

排气溢料槽　　　　　　　　　　浇口

图 2.61　排气槽的形式

(2)**间隙排气**

大多数情况下,可利用模具分型面或模具零件间的配合间隙自然地排气,可不另设排气槽,特别是对于中小型模具。图 2.62 是利用分型面及成型零件配合间隙排气的几种形式,间隙的大小和排气槽一样,通常为 0.02~0.04 mm。

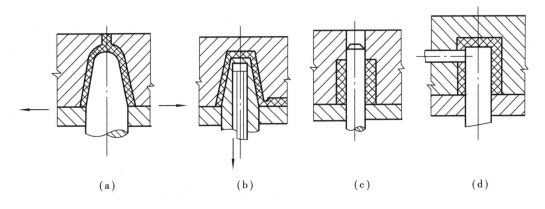

(a)　　　　　　　(b)　　　　　　　(c)　　　　　　　(d)

图 2.62　间隙排气的几种形式

尺寸较深的型腔,气阻位置往往出现在型腔底部,这时,模具结构应采用镶拼方式,并在镶件上制作排气间隙。注意:无论是排气间隙还是排气槽均与大气相通。

2.8 支承零件的设计

塑料模的支承零件包括动模(或下模)座板、定模(或上模)座板、定模(或上模)板、支承板、垫板等。注塑模的支承零件的典型组合如图2.63所示。塑料模的支承零件起装配、定位和安装作用。

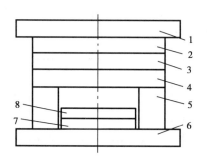

图 2.63 注塑模支承零件的典型结构
1—定模座板;2—定模板;3—动模板;4—支承板;
5—垫块;6—动模座板;7—推板;8—推杆固定板

(1)动模座板和定模座板

动模座板和定模座板是动模(或上模)和定模(或下模)的基座,也是固定式塑料模与成型设备连接的模板。因此,座板的轮廓尺寸和固定孔必须与成型设备上模具的安装板相适应。座板还必须具有足够的强度和刚度。注塑模的动模座板和定模座板尺寸可参照标准模板选用。

(2)动模板和定模板

动模板和定模板的作用是固定凸模或型芯、凹模、导柱、导套等零件,所以又称固定板。由于模具的类型及结构的不同,固定板的工作条件也有所不同。对于移动式压缩模,开模力作用在固定板上,因而固定板应有足够的强度和刚度。为了保证凹模、型芯等零件固定稳固,固定板应有足够的厚度。动模(或上模)板和定模(或下模)板与型芯或凹模的基本连接方式可参阅凸模固定法,固定板的尺寸可参照标准模板选用。

(3)支承板

支承板是垫在固定板背面的模板。它的作用是防止型芯或凸模、凹模、导柱、导套等零件脱出,增强这些零件的稳固性并承受型芯和凹模等传递而来的成型压力。支承板与固定板的连接方式如图2.64所示,图2.64(a)、图2.64(b)、图2.64(c)三种方式为螺钉连接,适用于推杆分模的移动式模具和固定式模具,为了增加连接强度,一般采用圆柱头内六角螺钉;图2.64(d)为铆钉连接,适用于移动式模具,它拆装麻烦,修理不便。

支承板应有足够的强度和刚度,以承受成型压力而不过量变形,它的强度和刚度计算方法与型腔底板相似,支承板的尺寸也可参照标准模板选用。

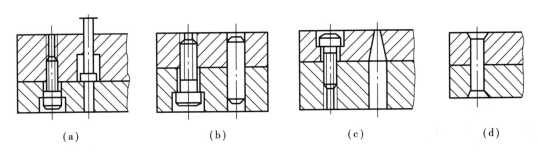

图2.64　支承板与固定板的连接方式

（4）垫块

垫块的作用是使动模支承板与动模座板之间形成用于推出机构运动的空间,或调节模具总高度以适应成型设备上模具安装空间对模具总高的要求。垫块与支承板和座板组装方法如图 2.65 所示。所有垫块的高度应一致,否则会由于负荷不匀而造成动模板损坏。

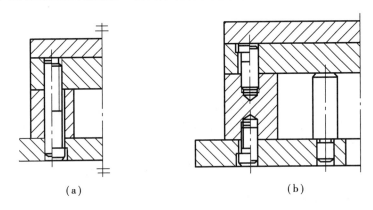

图 2.65　垫块的连接

对于大型模具,为了增强动模的刚度,可在动模支承板和动模座板之间采用支承柱(图2.65(b))。这种支承起辅助支承作用。如果推出机构设有导向装置,则导柱也能起到辅助支承作用。垫块和支承柱的尺寸可参照有关标准。

第 **3** 章
模具拆装实训

3.1 概　述

模具拆装实训是模具设计与制造专业的学生在学习模具结构设计知识之时,在教师的指导下,对生产中使用的塑料模具进行拆卸和重新组装的实践教学环节。通过对塑料模具的拆装实训,进一步了解模具典型结构及工作原理,了解模具的零部件在模具中的作用,零部件相互间的装配关系,掌握模具的装配过程、方法和各装配工具的使用。

3.1.1　模具拆装实训的目的和要求

(1) 模具拆装实训的目的

通过对模具的拆卸和装配,培养学生的动手能力、分析问题和解决问题的能力,使学生能够综合运用已学知识和技能;以及对模具典型结构及零部件装配有全面的认识,为理论课的学习和模具设计奠定良好的基础。

(2) 模具拆装实训的要求

掌握典型塑料模具的工作原理、结构组成、模具零部件的功用、相互间的配合关系以及模具零件的加工要求;能正确地使用模具装配常用的工具和辅具;能正确地草绘模具结构图、部件图和零件图;掌握模具装拆一般步骤和方法;通过观察模具的结构能分析出零件的形状;能对所拆装的模具结构提出自己的改进方案;能正确描述出该模具的动作过程。

3.1.2　模具拆装实训前的准备

(1) 拆装的模具类型
塑料注塑模。

(2) 拆装的工具
游标卡尺、角尺、内六角扳手、平行铁、台虎钳、锤子、铜棒等常用钳工工具。

（3）**实训准备**

● 小组人员分工

同组人员对拆卸、观察、测量、记录、绘图、装配等分工负责，并于拆装不同模具时交换各自的岗位。

● 工具准备

领用并清点拆卸和测量所用的工具，了解工具的使用方法及使用要求，将工具摆放整齐。实训结束时按工具清单清点工具，交指导教师验收。

● 熟悉实训要求

要求复习有关理论知识、详细阅读本指导书，对实训报告所要求的内容在实训过程中做详细的记录。拆装实训时带齐绘图仪器和纸张。

3.1.3 模具拆装时的注意事项

1）拆卸和装配模具时，首先应仔细观察模具，务必搞清楚模具零部件的相互装配关系和紧固方法，并按钳工的基本操作方法进行，以免损坏模具零件。

2）在拆装过程中，切忌损坏模具零件，对老师指出不能拆卸的部位，不能强行拆卸，拆卸过程中对少量损伤的零件应及时修复，严重损坏的零件应更换。

3.1.4 模具拆装实训的任务和时间安排

（1）**模具拆装实训的任务**

1）仔细观察已准备好的模具，熟悉模具的工作原理，各零部件的名称、功用及相互配合关系。

2）拟定模具拆卸顺序及方法，按拆模顺序将模具拆分为几个部件，再将其分解为单个零件，用测量工具测出各零部件的具体尺寸并确定各配合件的配合关系，画出草图。

3）拟定模具的装配顺序及方法。把已拆卸的模具零件清洗后按装配工艺顺序进行部件装配、总装、调整，使模具恢复原状，绘出模具装配图。

4）装配好的模具采取人工合模验证，必要时再在压力机或注射机上试模，验证模具工作是否正常，所冲的冲压件或注射的塑料件是否合格，写出分析报告。

（2）**模具拆装实训的时间安排**（见下表）

实训时间	实训内容	时间分配	备 注
	模具拆装		实训报告可自行安排在最后一起写
	模具测绘		
	绘制模具图		
	写实训报告		

3.1.5 模具拆装实训的内容和步骤

（1）**对模具结构的观察分析**

接到具体要拆装的模具后，需进行仔细观察分析，并做好记录：

1）模具类型分析

对给定模具进行模具类型分析与确定。

2）工序与制件的分析

通过对模具分析,了解模具所完成的工序。

3）模具的工作原理

对于塑料模,要求分析其浇注系统类型、分型面及分型方式、顶出系统类型等。

4）模具的零部件

分析并记录模具各零件的名称、功用、相互间装配关系。

（2）**拟定模具拆卸顺序及方法**

按拆模顺序将模具拆为几个部件,再将其分解为单个零件深入了解。

1）拆卸模具之前,应先分清可拆卸件和不可拆卸件,针对各种模具须具体分析其结构特点,制定模具拆卸顺序及方法的方案,提请指导教师审查同意后方可拆卸。

2）一般的塑料模,先将动模和定模分开,分别将动、定模的紧固螺钉拧松,再打出销钉,用拆卸工具将模具各主要板块拆下,然后从定模板上拆下主浇注系统,从动模板上拆下推出系统,拆散推出系统各零件,从固定板中压出型芯等零件,有侧面分型系统时,拆下侧面分型系统各零件,如有电热系统则不拆卸。

3）拆卸模具

a. 按所拟拆卸顺序进行模具拆卸。要求分析拆卸连接件的受力情况,对所拆下的每一个零件进行观察、测量并做记录。记录拆下零件的位置,按一定顺序摆放好,避免在组装时出现错误或漏装零件。

b. 测绘主要零件。对从塑料模中拆下的型腔、型芯等主要零部件进行测绘。要求测量基本尺寸,并按设计尺寸确定公差。

c. 拆卸注意事项。准确使用拆卸工具和测量工具,拆卸配合时要分别采用拍打、压出等不同方法对待不同的配合关系的零件。注意保护模具,使其受力平衡,切不可盲目用力敲打,严禁用铁锤头直接敲打模具零件。不可拆卸的零件和不宜拆卸的零件不要拆卸。拆卸过程中特别要注意操作安全,避免损坏模具各器械。拆卸遇到困难时分析原因,并请教指导教师。遵守课堂纪律,服从教师的安排。

（3）**拟定模具装配顺序及方法**

把已拆卸的模具零件清洗后,按先拆的零件后装,后拆的零件先装为一般原则制订装配顺序。

1）按顺序装配模具　按拟定的顺序将全部模具零件装回原来位置。注意正反方向,防止漏装,其他注意事项与拆卸模具相同,遇到零件受损不能进行装配时应在老师的指导下学习用工具修复受损零件后再装配。

2）装配后检查　观察装配后模具是否与拆卸前一致,检查是否有错装和漏装等现象。

3）绘制模具总装草图　绘制模具草图时在图上记录有关尺寸。

3.1.6　模具拆装实训报告

进行拆装实训后,按下列内容完成实训报告。

1）绘制所拆装的塑料模总装图一份(含标题栏和明细表);

2）绘制该塑料模的主要零件工件图（由指导教师指定）；

3）对所拆塑料模进行分析（含模具类型、名称、浇注系统、成形零件的结构特点、模具工作原理等）。写出分析报告。

3.2　模具拆装步骤实训实例

3.2.1　注塑模的拆卸过程（图3.1）

注塑模拆卸步骤见表3.1，注塑模分解图如图3.2所示。

图3.1　注塑模

表3.1　注塑模的拆卸步骤实例

序 号	结 构 形 式	拆 装 说 明
1		当模具较小时，可利用拆卸工具在钳台上将动、定模分开；当模具较大时，用注射机或起吊设备将动、定模两部分分开，并用专用运载工具将动、定模放到工作台上
2		拆定模部分： 拆开件1螺钉后，将件2浇口套、件3定模固定板、件4定模型板分开

续表

序 号	结 构 形 式	拆 装 说 明
3		将件5导套从件4定模型板中拆开
4	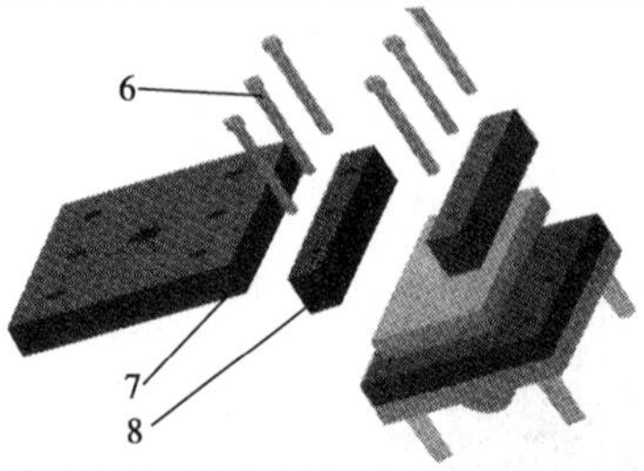	拆动模部分： 拆开件6螺钉、将件7动模固定板、件8支承板从动模部分分开
5	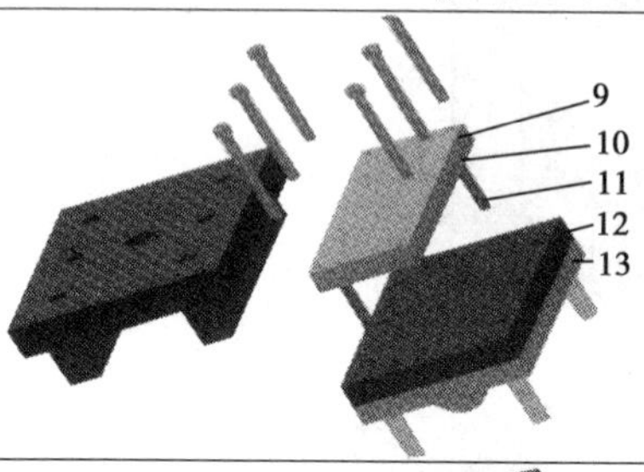	将件9顶杆垫板、件10顶杆固定板、件11复位杆组合部件从动模部分分开
6	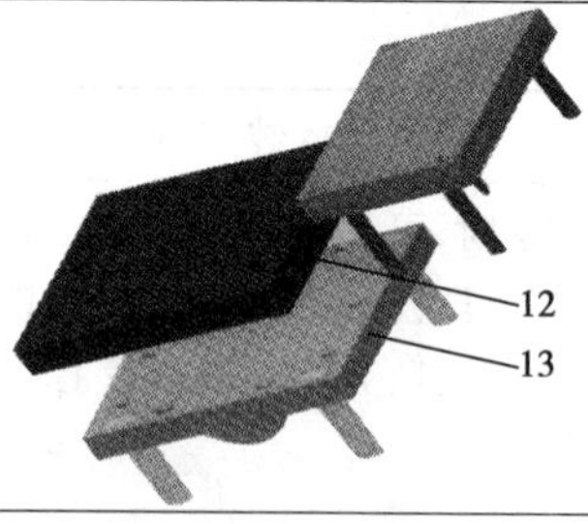	将件12垫板、件13动模型板分开
7	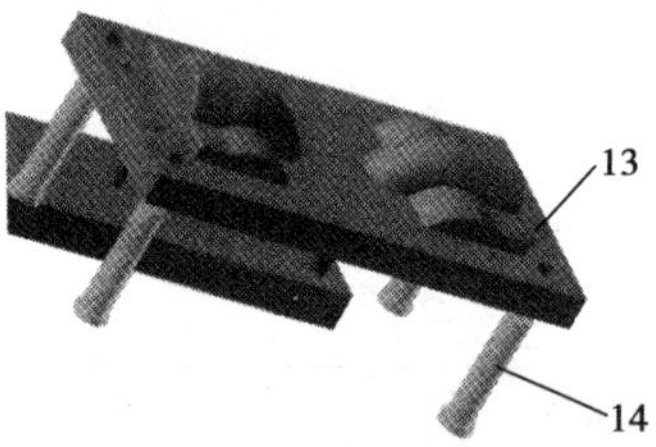	将件14导柱从件13动模型板中分开
8	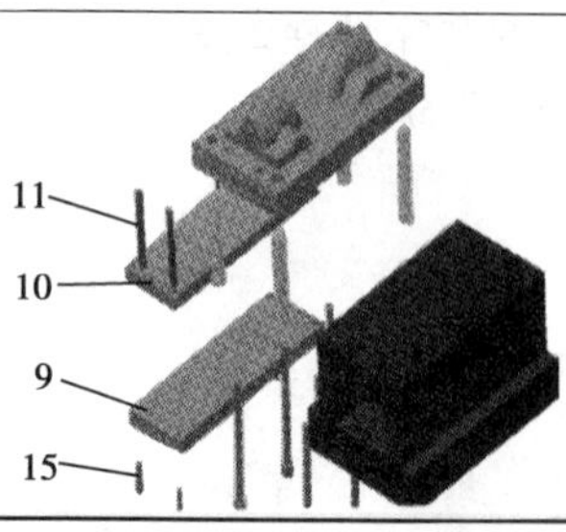	拆开件15螺钉,将件9顶杆垫板、件10顶杆固定板、件11复位杆分开

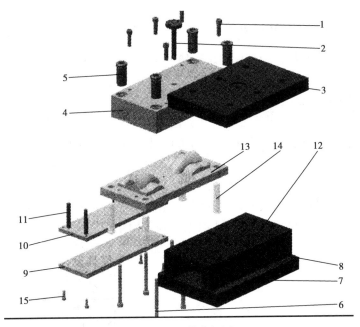

图 3.2 注塑模分解图

1,6,15—螺钉;2—浇口套;3—定模固定板;4—定模型板;5—导套;7—动模固定板;
8—支承板;9—顶杆垫板;10—顶杆固定板;11—复位杆;12—垫板;13—动模型板;14—导柱

3.2.2 注塑模的装配过程

注塑模的装配过程是拆卸过程的逆过程,原则上按此过程进行装配即可。但有些模具的装配过程与拆卸过程是不同的。

3.3 塑料模具的装配

3.3.1 型芯与型芯固定板的装配

型芯与型芯固定板型孔采用过渡配合,装配前应检查型芯与孔的配合是否太紧,若过紧,压入型芯时会使固定板产生变形,影响装配精度,所以应修正固定板的孔或型芯安装部分的尺寸。为便于压入,应在型芯端部或固定板孔的入口处四周修出 10′～20′ 的斜度(图 3.3)。型芯压入前表面涂润滑油,固定板放在等高垫块上,型芯端部放入固定板孔时,应校正垂直度,然后缓慢、平稳地压入到一半左右再校正垂直度,型芯全部压入后还要测量其垂直度,最后磨平尾部。

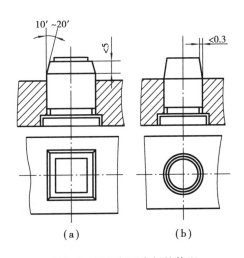

图 3.3 型芯与固定板的装配

3.3.2　型腔与型腔固定板的装配

单件圆形整体型腔与固定板装配(图 3.4)的关键是型腔角向位位置的调整及最终定位。采用的方法是,在型腔压入固定板一小部分时,用百分表校正型腔工作面的平直部分,位置要求不高的,可先在型腔端部、固定板上下平面上划出正线,型腔小、形状不规则的则用光学显微镜测量。如位置有偏差,用管钳等工具将其夹住转至正确位置,再缓慢、平稳地压入固定板,然后以型腔上的销孔导向,配钻、铰固定板上的防转销孔,并装上防转销。

同一块固定板上需装配两个以上型腔,且动、定模板之间有精确相对位置要求的(图 3.5),装配应按以下步骤进行。将上模镶块 1 装入定模板 7;以镶块 1 上的两个孔为基准,将推板 4 以工艺销钉导向与镶块 1 相连并定位,再将两个型腔镶块 3 套装到推板 4 上,测量型腔镶块 3 外形的实际位置尺寸,以此尺寸加工或修正固定板 6 上型腔装配孔的位置。待型腔压入固定板 6 放入推板 4 后,以推板 4 的孔导向,配钻、铰小型芯 2 的固定板 5 上的孔。

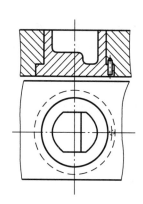

图 3.4　单件圆形整体型腔的装配

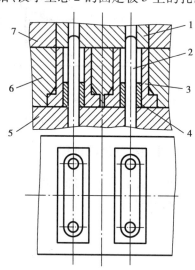

图 3.5　多件整体型腔的装配

1—上模镶块;2—钻、铰小型芯;3—型腔镶块;
4—推板;5,6—固定板;7—定模板

3.3.3　导柱、导套安装孔的加工与导柱、导套的装配

导柱、导套分别安装于型腔固定板与定模板上,是合模时的导向装置。因此,固定板、定模板上的导柱、导套安装孔的相对位置尺寸误差不应大于 0.01 mm。工艺上一般是将固定板、定模板以其一对垂直的侧面或工艺定位销定位,在坐标镗床或精度高的车床、铣床上配钻、配镗(或铰)加工得到的。

对于需淬硬的模板,因在热处理前已加工了导柱、导套安装孔,热处理会引起孔形和孔的位置尺寸变化,而不能满足配合导向的要求。因此热处理前加工的孔应留磨削余量,以便模板淬硬后在坐标磨床上磨孔,或将模板叠合在一起(以型腔为基准找正)在内圆磨床上磨孔。最好是在热处理前将一模板上的导套安装孔孔径扩大,热处理后压入软套,将两块模板叠合在一起,以另一模板上的导柱安装孔找正或导向,配镗导套孔。

由于模具结构和装配方法不同,所以导柱、导套安装孔的加工安排有下述两种情况。

● 在模板的型腔、型芯安装孔未加工前加工导柱、导套安装孔。适合于:模板上型腔、型芯安装孔的形状一致(例如均匀圆孔),可借助导柱、导套定位将各模板叠合在一起配加工;形状不规则的立体型腔,装配合模时很难找正位置,以导柱、导套定位容易加工出正确要求的模具;有侧面抽芯滑块机构的模具,因装配时修配面较多,先加工、装配好导柱、导套作为找正定位基准,其他的有关零件修配时容易找正。

● 在模板的型腔、型芯安装孔加工后加工导柱、导套安装孔。主要适合于在合模具时,动、定模板之间有较严格的相对位置或配合要求的模具,如图 3.6 所示。要求小型芯需插入定模镶块孔中的结构即为一例(图 3.7)。

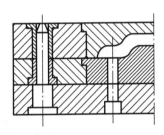

图 3.6　相对位置找正有困难的型腔　　　　图 3.7　动、定模间有配合要求的结构

● 推杆、复位杆、拉料杆的装配。推杆固定板的导向形式较多,但加工和装配方法基本相同,现以用小导柱作导向的推杆固定板结构为例(图 3.8)加以叙述。将推杆固定板 6、推杆垫板 7 以小导柱 12 导向上移,与垫板 3 接触,用平行夹将型腔固定板 2、垫板 3 和推杆固定板 6、推杆垫板 7 一起夹紧,然后以型腔 1 上的推杆孔引导配钻、铰推杆固定板 6 的推杆安装孔,以型腔固定板 2 上的孔引导配钻、铰复位杆、拉料杆安装孔。

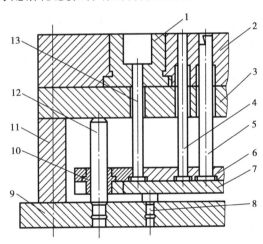

图 3.8　推杆、复位杆、拉料杆的装配

1—型腔;2—型腔固定板;3—垫板;4—复位杆;5—拉料杆;

6—推杆固定板;7—推杆垫板;8—支承柱;9—动模板;

10—导套;11—模脚;12—小导柱;13—推杆

将已组装连接的零件拆开,在推杆固定板 6 上装配推杆、复位杆、拉料杆,再将模具的这部

103

分装配起来。

推杆固定板 6、推杆垫板 7 上的导套 10 的安装孔和动模板 9 上的小导柱 12 的安装孔也是通过配钻、镗(或铰)加工的。

● 滑块抽芯机构的装配。滑块抽芯机构的装配步骤如下：

A. 将型腔压入型腔固定板,磨上、下两平面达设计要求的尺寸。滑块的位置是以型腔的型面为基准的,所以装配滑块之前应先将型腔 1 装入型腔固定板 2(图 3.9),修磨上、下平面,保证尺寸 A。

B. 将型腔压出精修滑块槽底面。以修磨好的 M 面为基准,根据滑块的实际尺寸磨或精铣滑块槽底 N。

C. 按滑块台肩的实际尺寸,精铣型腔固定板 2 上的 T 形槽,并由钳工修正到要求尺寸。

D. 测定型孔位置及配制侧型芯安装孔。固定于滑块上的侧面型芯要穿过型腔上的型孔进入型腔,为保证侧型芯与型腔上的孔正确配合,需根据型孔配制滑块上的侧型芯安装孔。将型腔 1 压入型腔固定板 2,实测型孔位置尺寸 a,b,按此尺寸钻、镗(或铰)滑块上的侧型芯安装孔(图 3.10)。

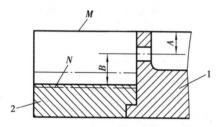

图 3.9 型腔的型面为基准确定滑块磨底面
1—型腔;2—型腔固定板

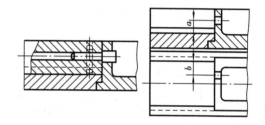

图 3.10 配制侧型芯安装孔

E. 侧型芯在滑块上的装配(图 3.11)。将未装侧型芯 5 的滑块 2 装入型腔固定板 3 的滑块槽,使滑块 2 左端面与型腔 4 的 A 面接触,实测出尺寸 c;取下滑块 2,装上侧型芯 5,再装入滑块槽,使侧型芯 5 与定模型芯 6 接触,实测出尺寸 d;根据定模型芯接触处的形状,修磨侧型芯顶端面,修磨量 $c - d = (0.05 \sim 0.1)$,其中 $0.05 \sim 0.1$ mm 为滑块 2 左端面与型腔 4 的 A 面之间应留的间隙。

侧型芯修磨正确后,与滑块配钻、铰销钉孔,装上销钉固定。

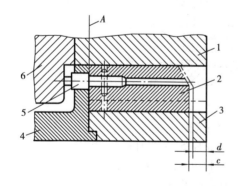

图 3.11 侧型芯在滑块上的装配和端面磨平

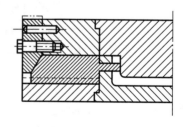

图 3.12 压紧楔块的装配

F. 压紧楔块的装配(图3.12)。用螺钉紧固压紧楔块;修磨滑块的斜面,修磨时涂红丹粉检查压紧楔块与滑块斜面接触情况,修磨量多少的控制,是以合模时压紧楔块与滑块斜面接触,分型面留有0.2 mm的间隙为准;配钻、铰销钉孔、装入销钉;最后将压紧楔块顶面与模板一起磨平。

G. 镗斜导柱孔。将滑块、型腔固定板、定模板组装好,压紧楔块锁紧滑块,在分型面垫厚度为0.2 mm的金属垫片后,用平行夹夹紧,在坐标镗床或精度较高的立式铣床上配钻,镗斜导柱孔。

3.4　塑料模具总装实例

从前面对塑料模组件和部件装配的叙述可知,塑料模的装配不是简单地将加工好的零件进行组合和连接。装配过程中有零件的组装、调整、配作加工、拆卸、再组装等一系列工作,装配完成后还有试模、修模等工作。一副塑料模具的装配周期一般都比较长。以图3.13所示塑料模为例,对塑料模总装过程中主要工作做一下简要地介绍。

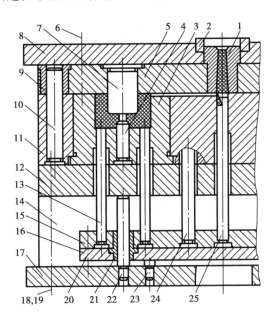

图3.13　塑料注塑模

1—浇口套;2—定位圈;3—型腔;4,7—型芯;5—定模板;6,19,20—螺钉;
8—定模底板;9,21—导套;10,22—导柱;11—型腔固定板;12—垫板;
13—推杆;14—模脚;15—推杆固定板;16—推杆垫板;17—动模板;18—销钉;
23—支承柱;24—复位杆;25—拉料杆

用图3.14所示装配系统表示该注塑模的装配工艺过程。

模具的装配基准是动模,动模的装配基准是型腔固定板11,参照图3.13,对模具装配过程叙述如下:

1)定模板5与型腔固定板11可分别先按划线加工预孔,直径留2 mm的余量,最后将两件叠在一起精镗,然后在型腔固定板 11 上压装导柱 10,在定模板 5 上压装导套 9。

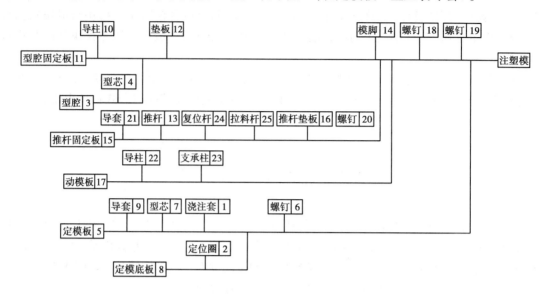

图 3.14　注塑模装配系统

2)以导柱、导套定位,定模板 5 型腔固定板 11 先分别按划线加工预孔,直径留 2 mm 余量,然后将件 5 和件 11 叠合后夹紧精镗型芯、型腔安装孔,最后在型腔固定板 11 上压装已装有小型芯 4 的型腔 3,并配磨浇道,在定模板 5 上压装型芯 7。

3)动模板 17 中心线对型腔固定板 11 找正后夹紧,配钻螺钉孔预孔,配钻、铰销钉孔,拆开后在型腔固定板 11 上攻螺纹,在动模板 17 上钻、镗(或铰)导柱 22、支承柱 23。

4)装配推杆固定板组件。具体方法见前面组件装配中的叙述。

5)在型腔固定板组件上安装垫板 12、推杆固定板组件、模脚 14 和动模板组件,以销钉 18 定位,用螺钉 19 连接。

6)在定模板 5 上压装浇注 1,将定模底板 8 通过浇注套 1 定位与定模板 5 组装后用螺钉连接,然后安装定位圈套。

7)以导柱 10、导套 9 定位和导向。定模部件与动模部件合模,即完成注塑模的装配。

接下来的工作是将模具安装在注射机上试模,根据对塑件的检验,对注塑模尚不完善的地方进行修磨,然后再试模、再修磨,直至完全合格为止。

第 **4** 章
模具拆装测绘

4.1 模具总装配图的绘制要求

模具图纸是由总装配图、零件图两部分组成的。要求根据模具结构草图绘制正式装配图。所绘制装配图应能清楚地表达各零件之间的相互关系,应有足够说明模具结构的投影图及必要的剖面、剖视图。还应画出工件图,填写零件明细表和提出技术要求等。模具装配图的绘制要求见表4.1

表 4.1 模具装配图的绘制要求

项 目	要 求
布置图面及 选定比例	①遵守国家标准的机械制图规定(GB/T 14689—93) ②手工绘图比例最好为1:1,直观性好。计算机绘图,其尺寸必须按照机械制图要求缩放
模具绘图顺序	①主视图:绘制总装图时,先里后外,由上而下次序,即先绘制产品零件图、凸模、凹模、…… ②俯视图:将模具沿冲压或注射方向"打开"上(定)模,沿着冲压(注射)方向分别从上往下看已打开的上模(定模)和下模(动模),绘制俯视图,其俯视图和主视图一一对应画出 ③模具工作位置的主视图一般应按模具闭合状态画出。绘图时应与计算工作联合进行,画出它的各部分模具零件结构图,并确定模具零件的尺寸。如发现模具不能保证工艺的实施,则需更改工艺设计

续表

项　目	要　　求
模具装配图的布置	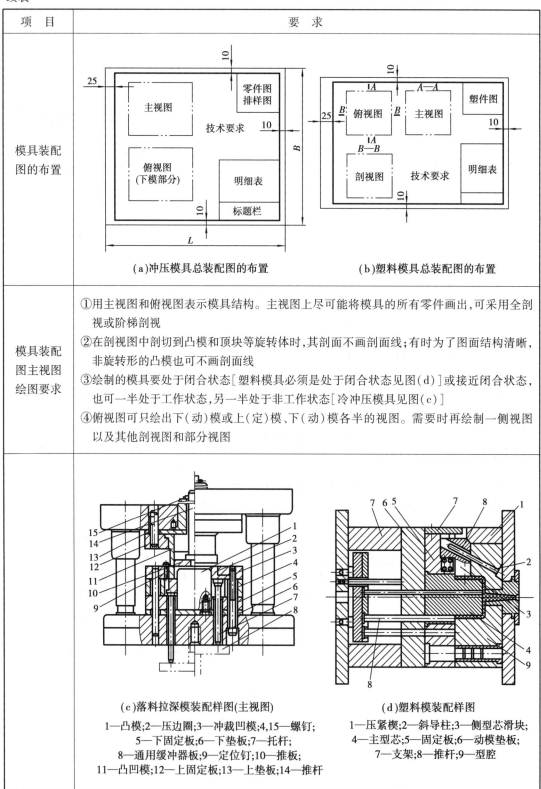
模具装配图主视图绘图要求	①用主视图和俯视图表示模具结构。主视图上尽可能将模具的所有零件画出,可采用全剖视或阶梯剖视 ②在剖视图中剖切到凸模和顶块等旋转体时,其剖面不画剖面线;有时为了图面结构清晰,非旋转形的凸模也可不画剖面线 ③绘制的模具要处于闭合状态[塑料模具必须是处于闭合状态见图(d)]或接近闭合状态,也可一半处于工作状态,另一半处于非工作状态[冷冲压模具见图(c)] ④俯视图可只绘出下(动)或上(定)模、下(动)模各半的视图。需要时再绘制一侧视图以及其他剖视图和部分视图

项　目	要　求
模具装配图上的工件图	①工件图是经过模塑或冲压成型后所得到的冲压件或塑件图形,一般画在总图的右上角,并注明材料名称、厚度及必要的尺寸 ②工件图的比例一般与模具图上的一致,特殊情况可以缩小或放大。工件图的方向应与模塑成型方向或冲压方向一致(即与工件在模具中的位置一致),若特殊情况下不一致时,必须用箭头注明模塑成型方向或冲压方向
冲压模具装配图中的排样图	①若利用条料或带料进行冲压加工时,还应画出排样图。排样图一般画在工件图的下面,总图的右上角 ②排样图应包括排样方法、零件的冲裁过程、定距方式(用侧刃定距时侧刃的形状、位置)、材料利用率、步距、搭边、料宽及其公差,对有弯曲、卷边工序的零件要考虑材料的纤维方向。通常从排样图的剖切线上可以看出是单工序模还是级进或复合模
模具装配图中的技术要求	在模具总装配图中,要简要注明对该模具的要求和注意事项、技术条件。技术条件包括所选设备型号、模具闭合高度以及模具打的印记、模具的装配要求等,冲裁模要注明模具间隙(参照国家标准,恰如其分地、正确地拟定所设计模具的技术要求和必要的使用说明)
模具装配图上应标注的尺寸	①模具闭合尺寸、外形尺寸、特征尺寸(与成型设备配合的定位尺寸)、装配尺寸(安装在成型设备上螺钉孔中心距)、极限尺寸(活动零件移动起止点) ②编写明细表
标题栏和明细表	标题栏和明细表放在总图右上角,若图面不够,可另立一页,其格式应符合国家标准(GB/T 10609.1—89,GB/T 10609.2—89)

4.2　模具零件图的绘制要求

模具零件图既要反映出设计意图,又要考虑到制造的可能性及合理性,零件图设计的质量直接影响模具的制造周期及造价。因此,设计出工艺性好的零件图可以减少出废品,方便制造,降低模具成本,提高模具使用的寿命。

目前大部分模具零件已标准化,供设计时选用,这对简化模具设计,缩短设计及制造周期,集中精力去设计那些非标准件,无疑会收到良好的效果。在生产中,标准件不需绘制,模具总装配图中的非标准模具零件均需绘制零件图。有些标准零件(如上、下模座)需补加工的地方太多时,也要求画出,并标注加工部位的尺寸公差。非标准模具零件图应标注全部尺寸、公差、表面粗糙度、材料及热处理、技术要求等。模具零件图是模具零件加工的唯一依据,它应包括制造和检验零件的全部内容,因而设计时必须满足绘制模具零件图的要求,详见表4.2。

表4.2 模具零件图的绘制要求

项 目	要 求
正确而充分的视图	所选的视图应充分而准确地表示零件内部和外部的结构形式和尺寸大小,而且视图及剖视图等的数量应为最小
具备制造和检验零件的数据	零件图中的尺寸是制造和检验零件的依据,故应慎重细致地标注。尺寸既要完备,同时又不重复。在标注尺寸前,应研究零件的加工和检测的工艺过程,正确选定尺寸的基准面,做到设计、加工、检验基准统一,避免基准不重合造成的误差。零件图的方位应尽量按其在总装配图中的方位画出,不要任意旋转和颠倒,以防画错,影响装配
标注加工尺寸公差及表面粗糙度	所有的配合尺寸或精度要求较高的尺寸都应标注公差(包括表面形状及位置公差),未注尺寸公差按IT4级制造。模具的工作零件(如凸模、凹模、凹凸模)的工作部分尺寸都按计算值标注 　　模具零件在装配图中的加工尺寸应标注在装配图上,如必须在零件图上标注时,应在有关的尺寸近旁注明"配作"、"装配后加工"等字样或在技术要求中说明 　　因装配需要留有一定的装配余量时,可在零件图上标注出装配链补偿量及装配后所要求的配合尺寸、公差和表面粗糙度等 　　两个相互对称的模具零件,一般应分别绘制图样;如绘在一张图样上,必须标明两个图样代号 　　模具零件的整体加工,分切后成对或成组使用的零件,只要分切后各部分形状相同,则视为一个零件,编一个图样代号,绘在一张图样上,有利于加工和管理 　　模具零件的整体加工,分切后尺寸不同的零件,也可绘在一张图样上,但应用引出线标明不同的代号,并用表格列出代号、数量及质量 　　所有的加工表面都应注明表面粗糙度等级。正确决定表面粗糙度等级是一项重要的技术经济工作。一般来说,零件表面粗糙度等级可根据对各个表面工作要求及精度等级来决定。具体决定模具零件配合公差与表面粗糙度等级见后
技术要求	凡是图样或符号不便于表示,而在制造时又必须保证的条件和要求都应注明在技术条件中。它的内容随着不同的零件、不同的要求及不同的加工方法而不同。其中主要应注明: ①对材质的要求。如热处理方法及热处理表面所应达到的硬度等 ②表面处理,表面涂层以及表面修饰(如锐边倒钝、清砂)等要求 ③未注倒圆半径的说明,个别部位的修饰加工要求 ④其他特殊要求

4.3　模具图常见的习惯画法

模具图的画法主要按机械制图的国家标准规定,考虑到模具图的特点,允许采用一些常用的习惯画法,见表4.3。

表4.3　模具图常见的习惯画法

内六角螺钉和圆柱销的画法	同一规格,尺寸的内六角螺钉和圆柱销,在模具总装配图中的剖视图中可各画一个,引一个件号,当剖视图中不易表达时,也可从俯视图中引出件号。内六角螺钉和圆柱销在俯视图中分别用双圆(螺钉头外径和窝孔)及单圆表示,当剖视图位置比较小时,螺钉和圆柱销可各画一半,见表4.1(c)图。在总装配图中,螺钉过孔一般情况下要画出
弹簧窝座及圆柱螺旋压缩弹簧的画法	在冲模中,大多数习惯采用简化画法画弹簧,用双点划线表示,见本表图(a)。当弹簧个数较多时,在俯视图中可只画一个弹簧,其余只画窝座
直径尺寸大小不同的各组孔的画法	直径尺寸大小不同的各组孔可用涂色、符号、阴影线区别,见本表图(b)

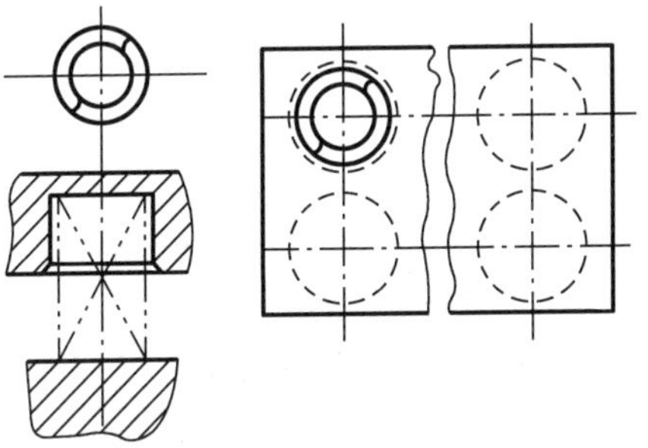

(a)弹簧的画法 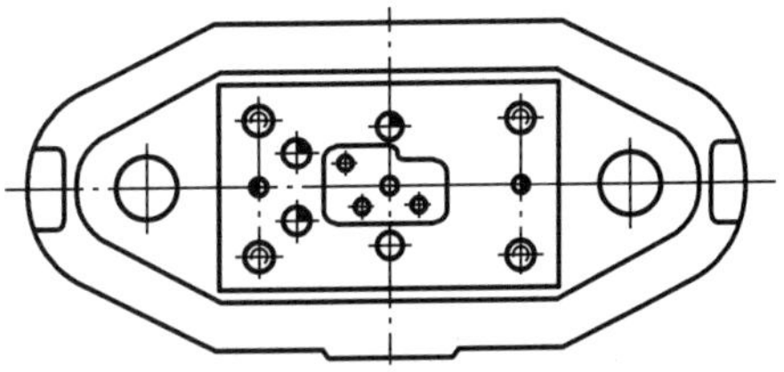　　　　　　　　　　　　　(b)直径尺寸不同的孔的表示

第**5**章
模架的选用

5.1 模架选用基础知识

按进料口(浇口)的形式不同,模架分为大水口模架和小水口模架两大类。香港地区将浇口称为水口,小水口模架指进料口采用点浇口模具(三板式模具)所选用的模架,大水口模架指采用除点浇口形式的模具(二板式模具)所选用的模架。

(1)大水口模架

总共有 4 种形式:A 型、B 型、C 型、D 型,如图 5.1 所示。

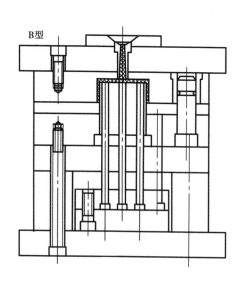

图5.1　大水口模架的应用

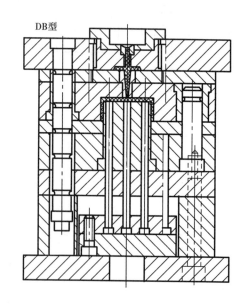

图5.2　小水口自动脱浇模架的选用

（2）小水口模架

总共有 8 种形式：DA 型、DB 型、DC 型、DD 型、EA 型、EB 型、EC 型、ED 型。其中以 D 字母开头的 4 种形式适用于自动断浇口模具的模架，如图 5.2 所示。

（3）选用举例

图 5.3 所示为要成形的塑件。若浇注系统采用点浇口进料，手动脱落浇口则可选择小水口的 EA,EB,EC,ED 型号模架。模架尺寸及各板的厚度都可以根据塑件的尺寸自己选定，根据所选不同类型的模架，设计的模具结构大致如图 5.4 所示（由于图形较简单，省略了剖面线）。

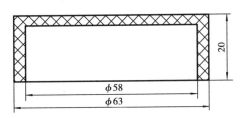

图 5.3　塑件

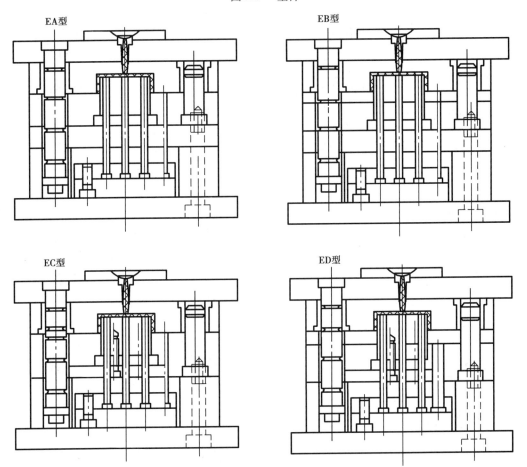

图 5.4　各种形式小水口模架的应用

模架的大小根据本章附录 3 选代号为 S1520 的模架，另选 A 板厚度 40 mm，B 板厚度 50 mm，C 板厚度 60 mm。以上数据 S1250 表示模架规格为小水口，长 × 宽为 150 mm × 200 mm，该尺寸是根据塑件径向尺寸凭经验选取的。A,B,C 板厚度根据塑件的厚度凭经验选取。

5.2 模具材料性能、用途及工艺表

模具一般零件的常用材料及热处理要求：

零件名称	使用情况	材料编号	热处理硬度(HRC)
上、下模板(座)	一般负荷	HT200,HT250	—
	负荷较大	HT250,Q235	
	负荷特大,受高速冲击	45	28～32(调质)
	用于滚动式导柱模架	QT400—17,ZG310—570	—
	用于大型模具	HT250,ZG310—570	
模柄	压入式、旋入式和凸缘式	Q235	—
	浮动式模柄及其球面垫块	45	43～48
导柱、导套	大量生产	20	58～62(渗碳淬硬)
	单件生产	T10A,9Mn2V	56～60
	用于滚动配合	Cr12,GCr15	62～64
垫板	一般用途	45	43～48
	单位压力特大	T8A,9Mn2V	52～56
推板、顶板	一般用途	Q235	—
	重要用途	45	43～48
推杆、顶杆	一般用途	45	43～48
	重要用途	CrWMn	56～60
导正销	一般用途	T10A,9Mn2V	52～56
	高耐磨	Cr12MoV	60～62
固定板、卸料板		Q235,45	
定位板		45	43～48
		T8	52～56
导料板(导尺)		45	43～48
托料板		Q235	—
挡料销、定位销		45	43～48
废料切刀		T10A,9Mn2V	56～60
定距侧刃		T8A,T10A,9Mn2V	56～60
侧压板		45	43～48
侧刃挡块		T8A	54～58
拉深模压边圈		T8A	54～58
斜楔、滑块		T8A,T10A	58～62
		45	43～48
限位圈(块)		45	43～48
弹簧		65Mn,60Si2MnA	40～48

5.3　注塑工艺参数及模具型腔结构经验数据

表 5.1　常用塑料的注塑工艺参数

材料	名称	硬聚氯乙烯	软聚氯乙烯	低密度聚乙烯	高密度聚乙烯	聚丙烯	共聚聚丙烯	玻纤增强聚丙烯	聚苯乙烯	改性聚苯乙烯	丙烯腈-丁二烯-苯乙烯共聚物	丙烯腈-丁二烯-苯乙烯共聚物 耐热级ABS	丙烯腈-丁二烯-苯乙烯共聚物 阻燃级ABS
	代号	HPVC	SPVC	LDPE	HDPE	PP	PP	GRPP	PS	HIPS	ABS		
	收缩率/%	0.5~0.7	1~3	1.5~4	1.5~3.5	1~2.5	1~2	0.6~1	0.4~0.7	0.4~0.7	0.4~0.7	0.4~0.7	0.4~0.7
设备	类型	螺杆式	螺杆式	螺杆式	螺杆式	螺杆式	螺杆式	螺杆式	螺杆式	螺杆式	螺杆式	螺杆式	螺杆式
	螺杆转速/(r·min⁻¹)	20~40	40~80	60~100	40~80	30~80	30~60	30~60	40~80	40~80	30~60	30~60	20~50
	喷嘴形式	直通式	直通式	直通式	直通式	直通式	直通式	直通式	直通式	直通式	直通式	直通式	直通式
温度/℃	料筒一区	150~160	140~150	140~160	150~160	150~170	160~170	160~180	140~160	150~160	150~170	180~200	170~190
	二区	165~170	155~165	150~170	170~180	180~190	180~200	190~200	170~180	170~190	180~190	210~220	200~210
	三区	170~180	170~180	160~180	180~200	190~205	190~220	210~220	180~190	180~200	200~210	220~230	210~220
	喷嘴	150~170	145~155	150~170	160~180	170~190	180~200	190~200	160~170	170~180	180~190	200~220	180~190
	模具	30~60	30~40	30~45	30~50	40~60	40~70	30~80	30~50	20~50	50~70	60~85	50~70
压力/MPa	注射	80~130	40~80	60~100	80~100	60~100	70~120	80~120	60~100	60~100	60~100	85~120	60~100
	保压	40~60	20~30	40~50	50~60	50~60	50~80	50~80	30~40	30~50	40~60	50~80	40~60
时间/s	注射	2~5	1~3	1~5	1~5	1~5	1~5	2~5	1~3	1~5	2~5	3~5	3~5
	保压	10~20	5~15	5~15	10~30	5~10	5~15	5~15	10~15	5~15	5~10	15~30	15~30
	冷却	10~30	10~20	15~20	15~25	10~20	10~20	10~20	5~15	5~15	5~15	15~30	15~30
	周期	20~55	10~38	20~40	25~60	15~35	15~40	15~40	20~30	15~30	15~30	30~60	30~60
后处理	方法								红外线烘箱		红外线烘箱	红外线烘箱	
	温度/℃								70~80		70	70~90	70~90
	时间/h								2~4		0.3~1	0.3~1	0.3~1
	备注								原材料应预干燥0.5 h以上	原材料应预干燥0.5 h以上	原材料应预干燥0.5 h以上	原材料应预干燥0.5 h以上	原材料应预干燥0.5 h以上

材料	名称	丙烯腈-氯化聚乙烯-苯乙烯	苯乙烯-丁二烯-丙烯腈	有机玻璃	有机玻璃	聚甲醛	共聚聚甲醛	聚碳酸酯	聚酯酸酯	玻纤增强聚碳酸酯	聚砜	改性聚砜	玻纤增强聚砜
	代号	ACS	AS(SAN)	PMMA	PMMA	POM	POM	PC	PC	GRPC	PSU	改性PSU	DRPSU
	收缩率/%	0.5~0.8	0.4~0.7	0.5~1.0	0.5~1.0	2~3	2~3	0.5~0.8	0.5~0.8	0.4~0.6	0.4~0.8	0.4~0.8	0.3~0.5
设备	类型	螺杆式	螺杆式	柱塞式	螺杆式	柱塞式	螺杆式	柱塞式	螺杆式	螺杆式	螺杆式	螺杆式	螺杆式
	螺杆转速/(r·min⁻¹)	20~30	20~50	20~30	20~30	—	20~40	—	20~40	20~30	20~30	20~30	20~30
	喷嘴形式	直通式	直通式	直通式	直通式	直通式	直通式	直通式	直通式	直通式	直通式	直通式	直通式
温度/℃	料筒一区	160~170	170~180	180~200	180~200	170~180	170~190	260~290	240~270	260~280	280~300	260~270	290~300
	二区	180~190	210~230	—	190~230	—	180~200	—	260~290	270~310	300~330	280~300	310~330
	三区	170~180	200~210	210~240	180~210	170~190	170~190	270~300	240~280	260~290	290~310	260~280	300~320
	喷嘴	160~180	180~190	180~210	180~200	170~180	170~180	240~250	230~250	240~270	280~290	250~260	280~300
	模具	50~60	50~70	40~80	40~80	80~100	80~100	90~110	90~110	90~110	130~150	80~100	130~150
压力/MPa	注射	80~120	80~120	80~130	80~120	80~130	80~120	100~140	80~130	100~140	100~140	100~140	100~140
	保压	40~50	40~50	40~60	40~60	40~60	40~60	50~60	40~60	40~60	40~50	40~50	40~50
时间/s	注射	1~5	2~5	3~5	1~5	2~5	2~5	1~5	1~5	2~5	1~5	1~5	2~7
	保压	15~30	15~30	10~20	10~20	20~40	20~40	20~80	20~80	20~60	20~80	20~50	20~50
	冷却	15~30	15~30	15~30	15~30	20~40	20~40	20~50	20~50	20~50	20~50	20~40	20~40
	周期	40~70	40~70	35~55	35~55	40~80	40~80	40~120	40~120	40~110	50~130	40~100	40~100
后处理	方法	红外线烘箱	红外线烘箱	红外线烘箱	红外线烘箱	红外线烘箱	红外线烘箱	红外线烘箱	红外线烘箱	红外线烘箱	热风烘箱	热风烘箱	热风烘箱
	温度/℃	70~80	70~90	60~70	60~70	140~150	140~150	100~110	100~110	100~110	170~180	70~80	170~180
	时间/h	2~4	2~4	2~4	2~4	1	1	8~12	8~12	8~12	2~4	1~4	2~4
备注		材料预干燥 0.5 h以上	材料预干燥 0.5 h以上	材料预干燥 1 h以上	材料预干燥 1 h以上	材料预干燥 2 h以上	材料预干燥 2 h以上	材料预干燥 6 h以上	材料预干燥 6 h以上	材料预干燥 6 h以上	预干燥 2~4 h	预干燥 2~4 h	预干燥 2~4 h

续表

材料名称	聚苯醚	改性聚苯醚	聚氨酯	聚酰亚胺	醋酸纤维素	醋酸丁酸纤维素	聚对苯二甲酸丁二醇酯	线型聚酯	不饱和聚酯	注塑级酚醛	邻苯二甲酸二丙烯酯	氨基塑料
代号	PPO	SPPO	PU	PI	CA	CAB	PBT	PET	SMC、CMB.	H1606-Z	DAP	脲甲醛、三聚氰胺甲醛
收缩率/%	0.7~1.0	0.5~0.8		0.5~1.0	1.0~1.5	1.0~1.5	1.7~2.3	1.8				
设备 类型	螺杆式	螺杆式	螺杆式	螺杆式	柱塞式	柱塞式	螺杆式	螺杆式	螺杆式	螺杆式	螺杆式	螺杆式
螺杆转速/$(r\cdot min^{-1})$	20~30	20~50	20~70	20~30	—	—	20~40	20~40	20~50	20~40	20~50	20~40
喷嘴形式	直通式	直通式	直通式	直通式	直通式	直通式	直通式	直通式	直通式	直通式	直通式	直通式
温度/℃ 料筒一区	230~240	230~240	150~170	280~300	150~170	150~170	200~220	240~260	20~50	40~60	30~40	40~60
温度/℃ 二区	260~290	240~270	180~200	300~330	—	—	230~250	260~280	50~70	—	—	—
温度/℃ 三区	260~280	230~250	175~185	290~310	170~200	170~200	230~240	260~270	10~90	80~95	80~90	80~90
温度/℃ 喷嘴	250~280	220~240	170~180	290~300	150~180	150~170	200~220	150~260	60~80	60~80	60~80	110~130
温度/℃ 模具	110~150	60~80	20~40	120~150	40~70	40~70	60~70	100~140	160~180	180~200	160~175	140~180
压力/MPa 注射	100~140	70~110	80~100	100~150	60~130	80~130	60~90	80~120	88~147	78~157	49~147	78~147
压力/MPa 保压	50~70	40~60	30~40	40~50	40~50	10~50	30~40	30~50	40~50	40~50	40~50	40~50
时间/s 注射	1~5	1~5	2~6	1~5	1~5	1~5	1~3	1~5	3~15	3~15	2~10	2~8
时间/s 保压	20~40	20~40	30~40	20~60	15~40	15~40	10~30	20~50	5~30	—	—	—
时间/s 冷却	30~60	20~50	30~60	30~60	15~40	15~40	15~30	20~30	20~30	30~40	30~60	2~10
时间/s 周期	50~100	40~90	60~100	50~100	30~80	30~80	30~60	40~80	30~75	40~85	40~70	10~30
后处理 方法	热风烘箱	热风烘箱										
后处理 温度/℃	140~150	140~150										
后处理 时间/h	1~2	1~2										
备注	原料预干燥 120~140℃ 2~4 h	原料预干燥 120~140℃ 2~4 h					在105~140℃ 干燥3~6 h	原材料 预干燥	热固性 塑料	热固性 塑料	热固性 塑料	热固性 塑料

表5.2 常见注塑制品的缺陷及原因分析

原因 \ 现象	模具方面	设备方面	工艺条件	原材料	制品设计
注塑不满	1. 流道太小 2. 浇口太小 3. 浇口位置不合理 4. 排气不佳 5. 冷料穴太小 6. 型腔内有杂物	1. 注射压力太低 2. 加料量不足 3. 注塑量不够 4. 喷嘴中有异物	1. 塑化温度过低 2. 注塑速度太慢 3. 注射时间太短 4. 喷嘴温度过低 5. 模温太低	1. 流动性太差 2. 混有异物	壁厚太薄
溢边	1. 模板变形 2. 型芯与型腔配合尺寸有误差 3. 模板组合不平行 4. 排气槽过深	1. 锁模力不足 2. 模板闭合未紧 3. 锁模油路中途卸荷 4. 模板不平行,拉杆与套磨损严重	1. 塑化温度过高 2. 注射时间过长 3. 加料量太多 4. 注射压力过高 5. 模温太高 6. 模板间有杂物	流动性过高	
缩坑	1. 流道太细小 2. 浇口太小 3. 排气不良	1. 注射压力不够 2. 喷孔堵有异物	1. 加料量不足 2. 注射时间过短 3. 保压时间过短 4. 料温过高 5. 模温过高 6. 冷却时间太短	收缩率太大	厚薄不一致
熔接痕	1. 浇口太小 2. 排气不良 3. 冷料穴小 4. 浇口位置不对 5. 浇口数目不够	注射压力过小	1. 料温过低 2. 模温过低 3. 注射速度太慢 4. 脱模剂过多	1. 原料未预干燥 2. 原料流动性差	壁厚过小
龟裂	1. 模芯无脱模斜度或过小 2. 模温太低 3. 顶杆分布不均或数量过少 4. 表面光洁度差		1. 料温过低 2. 模温过低 3. 注射速度太慢 4. 脱模剂过多	1. 牌号品级不适用 2. 后处理不当	形状结构不够合理,导致局部应力集中

原因 现象	模具方面	设备方面	工艺条件	原材料	制品设计
分层	1.浇口太小 2.多浇口时分布不合理	背压力不够	1.料温过低 2.注射速度过快 3.模具温度低 4.料温过高分解	1.不同料混入 2.混入油污或异物	
不光泽	1.流道口太小 2.浇口太小 3.排气不良 4.型腔面光洁度差	1.料桶内不干净 2.背压力不够	1.料温过低 2.喷嘴温度低 3.注射周期长 4.模具温度低	1.水分含量高 2.助剂不对 3.脱模剂太多	
脱模困难	1.无脱模斜度 2.光洁度不够 3.顶出方式不当 4.配合精度不当 5.进、排气不良 6.模板变形	1.顶出力不够 2.顶程不够	1.注射压力太高 2.保压时间太长 3.注射量太多 4.模具温度太高		
尺寸不稳定	1.浇口尺寸不当 2.型腔尺寸不准 3.型芯松动 4.模温太高或未设水道	1.控温系统不稳 2.加料系统不稳 3.液压系统不稳 4.时间控制系统有毛病	1.注射压力过低 2.料筒温度过高 3.保压时间变动 4.注塑周期不稳 5.模温太高	1.牌号品种有变动 2.颗粒大小不均 3.含挥发物质	壁太厚
翘曲	1.浇口位置不当 2.浇口数量不够 3.顶出位置不当,使制品受力不均 4.顶出机构卡死		1.料温过高 2.模温过高 3.保压时间太短 4.冷却时间太短 5.强行脱模		1.厚薄不均,变化突然 2.结构造型不合理

续表

原因＼现象	模具方面	设备方面	工艺条件	原材料	制品设计
划伤	1.型腔光洁度差 2.型腔边缘碰伤 3.镶件松动 4.顶出件松动 5.紧固件松动 6.侧抽芯未到位	拉杆和套磨损严重,移动模板下垂	1.模温过低 2.无脱模剂 3.冷却时间过长		
气泡	1.排气不良 2.浇口位置不当 3.浇口尺寸过小		1.注射压力低 2.保压压力不够 3.保压时间不够 4.料温过高	1.含水分未干燥 2.收缩率过大	
焦点	1.浇口太小 2.排气不良 3.型腔复杂,阻料汇合慢 4.型腔光洁度差	1.料筒内有焦料 2.喷嘴不干净	1.料温过高 2.注射压力太高 3.注射速度太快 4.停机时间过长 5.脱模剂不干净	1.料中有杂物混入 2.颗粒料中有粉末料	
变色	浇口太小	1.温控失灵 2.料筒或喷嘴中有阻碍物 3.螺杆转速高 4."大马拉小车"	1.料温过高 2.注射压力太大 3.成型周期长 4.模具未冷却 5.喷嘴温度高	1.材料污染 2.着色剂分解 3.挥发物含量高	
银丝纹	1.浇口太小 2.冷料穴太小 3.模具光洁度太差 4.排气不良	1.喷嘴有流延物 2.背压过低	1.料温过高 2.注射速度过快 3.注射压力过大 4.塑化不均 5.脱模剂过多	1.含水分而未干燥 2.润滑剂过量	厚薄不均
流痕	1.浇口太小 2.浇口数量少 3.渣道、浇口粗糙 4.型面光洁度差 5.冷料穴太小	1.温控系统失灵 2.油泵压力下降 3."小马拉大车"塑化能力不足	1.料温太低,未完全塑化 2.注射速度过低 3.注射压力太小 4.保压压力不够 5.模温太低 6.注塑量不足	1.含挥发物太多 2.流动性太差 3.混入杂料	

表 5.3　影响成形收缩的因素

影响因素		收缩率	方向性收缩差
塑料种类	无定形塑料	比结晶性料少	比结晶性料小
	结晶度大	大	大
	热膨胀系数大	大	—
	易吸水、含挥发物多	大	—
	含玻纤及矿物填料	小	方向性明显,收缩差大
塑件形状	厚　壁	大	—
	薄　壁	小	大
	外　形	小	—
	内　孔	大	—
	形状复杂	小	—
	形状简单	大	—
	有嵌件	小	小
	包紧型芯直径方向	小	—
	与型芯平径方向	大	—
模具结构	浇口断面积大	小	大
	限制性浇口	大	小
	非限制性浇口	小	大
	距浇口位置远的部分	大	大
	与料流方向平行的尺寸	大	—
	与料流方向垂直的尺寸	小	—
	距浇口位置近的部分	小	大
	模温不均	—	大
成形工艺	柱塞式注射机	大	大
	注射速度高	对收缩率影响较小,稍微有增大倾向	—
	料温高	随料温升高而增加	—
	模温高	大	—
	注射压力高	小	大
	保压压力高	小	小
	冷却速度快	大	大
	冷却时间长	小	小
	填充时间长	小	大
	脱模慢	小	小
	结晶性料退火处理	小	小

表5.4 收缩波动范围较大的塑料收缩率

名 称	塑件壁厚/mm									塑件高度方向的收缩率为水平方向收缩率的百分数/%
	1	2	3	4	5	6	7	8	>8	
PA1010	0.5 ~ 1.0				1.8 ~ 2.0				2.5 ~ 4.0	70
		1.1 ~ 1.3								
	—		1.4 ~ 1.6		—		2.0 ~ 2.5			
PP	1.0 ~ 2.0			2.0 ~ 2.5		2.5 ~ 3		—		120 ~ 140
PE	1.5 ~ 2.0									110 ~ 150
	—			2.0 ~ 2.5			2.5 ~ 4.0			
POM	1.0 ~ 1.5			1.5 ~ 2.0			2.0 ~ 3.0			105 ~ 120

表5.5 螺纹不计收缩率的可以配合的极限长度   /mm

公称直径	螺距	中径公差	收缩率/%								
			0.2	0.5	0.8	1.0	1.2	1.5	1.8	2.0	2.5
M3	0.5	0.12	26	10.4	6.5	5.2	4.3	3.5	2.9	2.6	2.2
M4	0.7	0.14	32.5	13	8.1	6.5	5.4	4.3	3.6	3.3	2.8
M5	0.8	0.15	34.5	13.8	8.6	6.9	5.8	4.6	3.8	3.5	3.0
M6	1.0	0.17	38	15	9.4	7.5	6.3	5.0	4.2	3.8	3.3
M8	1.25	0.19	43.5	17.4	10.9	8.7	7.3	5.8	4.8	4.4	3.8
M10	1.5	0.21	46	18.4	11.5	9.2	7.7	6.1	5.1	4.6	4.0
M12	1.75	0.22	49	19.6	12.3	9.8	8.2	6.5	5.4	4.9	4.0
M16	2.0	0.24	52	20.8	13	10.4	8.7	6.9	5.8	5.2	4.2
M20	2.5	0.27	57.5	23	14.4	11.5	9.6	7.1	6.4	5.8	4.4
M24	3.0	0.29	64	25.4	15.9	12.7	10.6	8.5	7.1	6.4	4.6
M30	3.5	0.31	66.5	26.6	16.6	13.3	11	8.9	7.4	6.7	4.8
M36	4.0	0.35	70	30	18.5	14.2	11.4	9.3	7.7	7.1	5.2

表 5.6　矩形型腔壁厚参考尺寸表　　　　　　　/mm

型腔宽度 a	整体式型腔	镶拼式型腔	
	型腔壁厚 S	型腔壁厚 S_1	模套壁厚 S_2
~40	25	9	22
40~50	25~30	9~10	22~25
50~60	30~35	10~11	25~28
60~70	35~42	11~12	28~35
70~80	42~48	12~13	35~40
80~90	48~55	13~14	40~45
90~100	55~60	14~15	45~50
100~120	60~72	15~17	50~60
120~140	72~85	17~19	60~70
140~160	85~95	19~21	70~78

表 5.7　圆形型腔壁厚参考尺寸表　　　　　　　/mm

型腔直径 d	整体式型腔	镶拼式型腔	
	型腔壁厚 S	型腔壁厚 S_1	模套壁厚 S_2
~40	20	7	18
40~50	20~22	7~8	18~20
50~60	22~28	8~9	20~22
60~70	28~32	9~10	22~25
70~80	32~38	10~11	25~30
80~90	38~40	11~12	30~32
90~100	40~45	12~13	32~35
100~120	45~52	13~16	35~40
120~140	52~58	16~17	40~45
140~160	58~65	17~19	45~50

表5.8 常用塑料的溢边值 /mm

塑料代号	溢边值
LDPE/HDPE	0.02/0.04
PP	0.03
SPVC/HPVC	0.03/0.06
PS	0.04
PA	0.03
POM	0.03
PMMA	0.03
ABS	0.04
PC	0.06
PSF	0.08

表5.9 排气槽断面积推荐尺寸

断面积 F/mm^2	断面尺寸 槽宽×槽深/(mm×mm)
~0.2	5×0.04
0.2~0.4	6×0.06
0.4~0.6	8×0.07
0.6~0.8	8×0.08
0.8~1.0	10×0.10
1.0~1.5	10×0.15
1.5~2.0	12×0.20

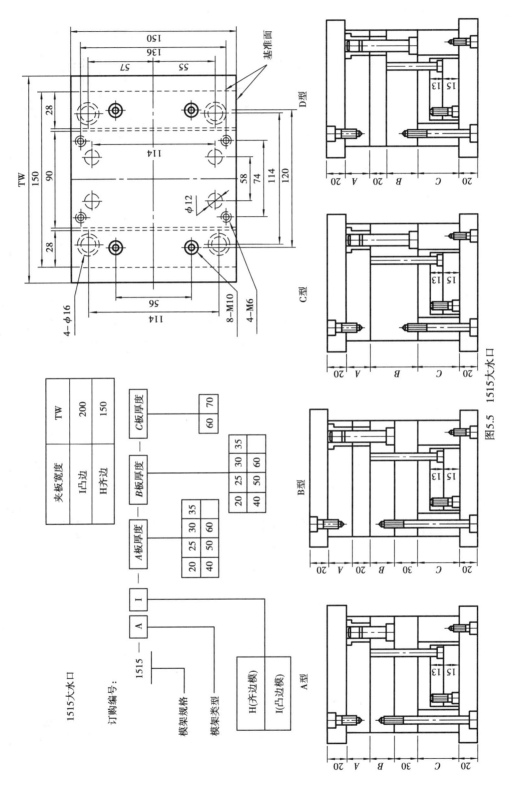

5.4 模架选择图例

图5.5 1515大水口

2020 大水口

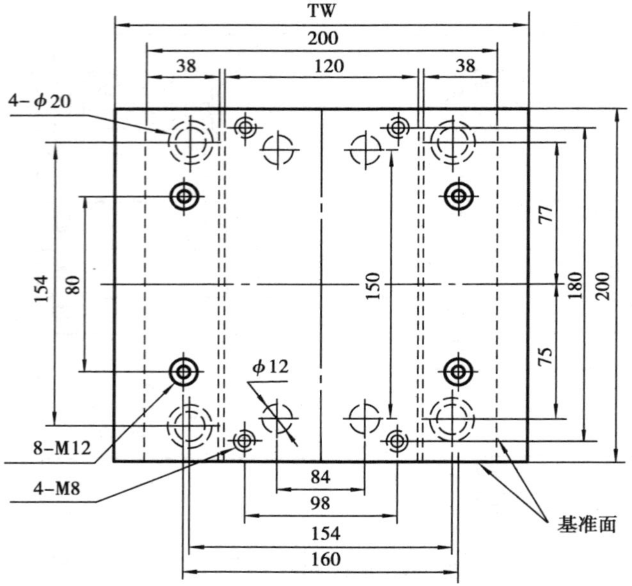

夹板宽度		TW
I凸边		250
H齐边		200

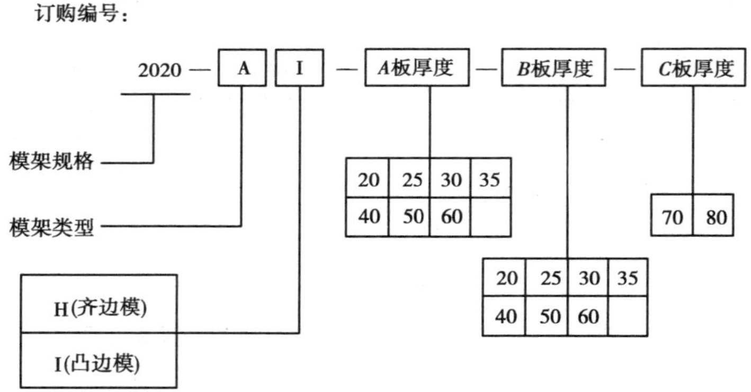

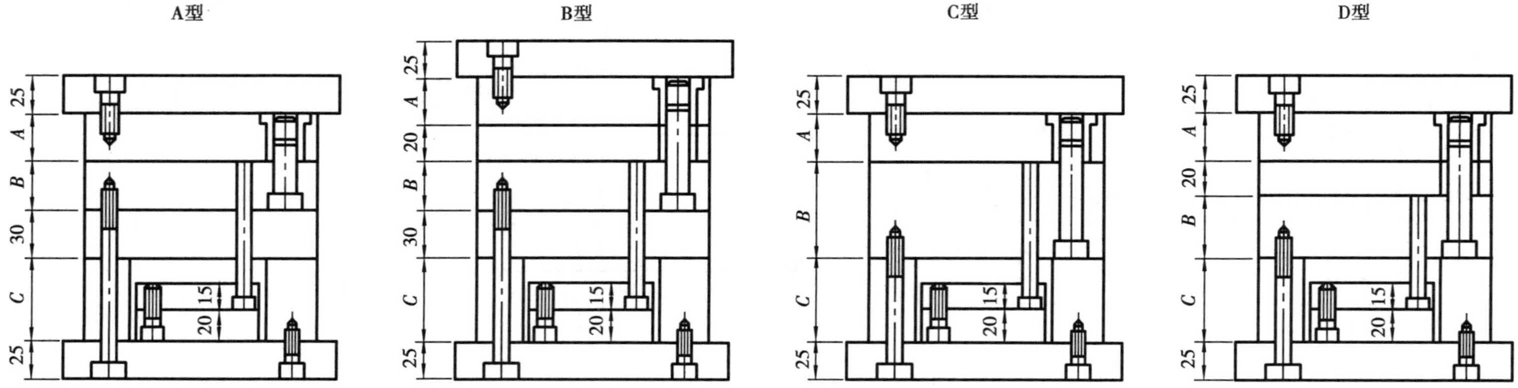

订购编号：

2020 ─── A ─── I

模架规格

模架类型

H (齐边模)
I (凸边模)

A板厚度

20	25	30	35
40	50	60	

B板厚度

20	25	30	35
40	50	60	

C板厚度

70	80

基准面

$\phi 12$

4—$\phi 20$

8—M12

4—M8

图5.6 2020大水口

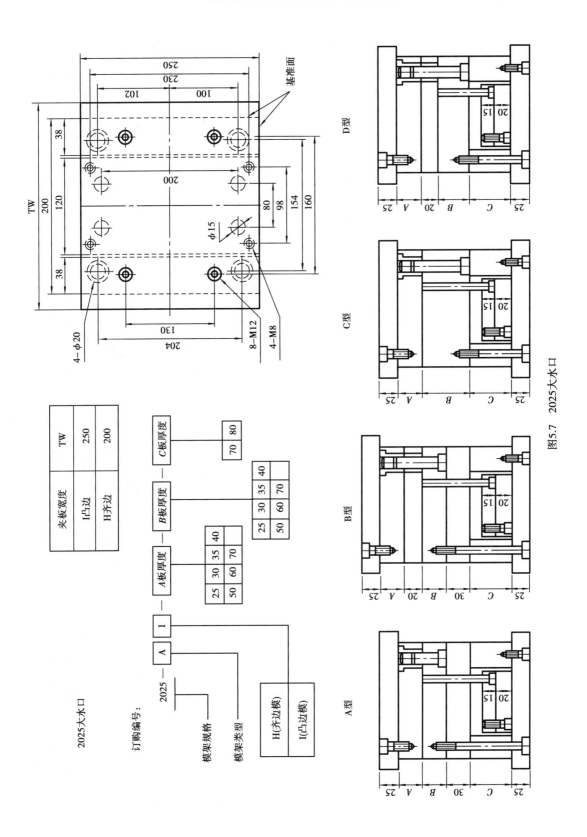

图5.7 2025大水口

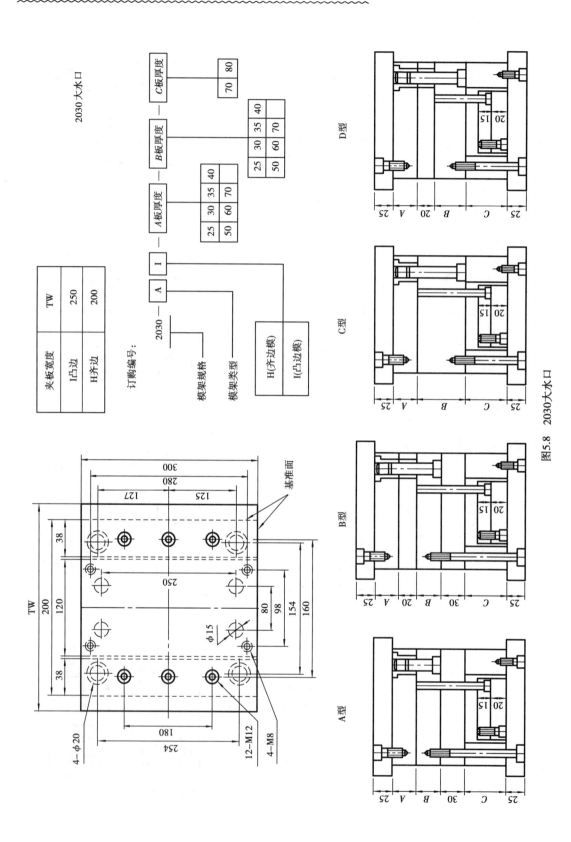

图5.8 2030大水口

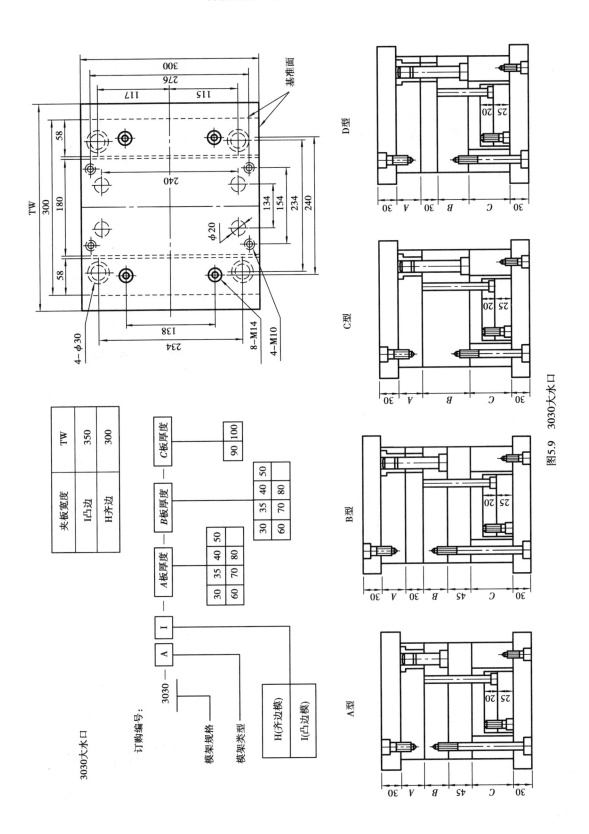

图5.9　3030大水口

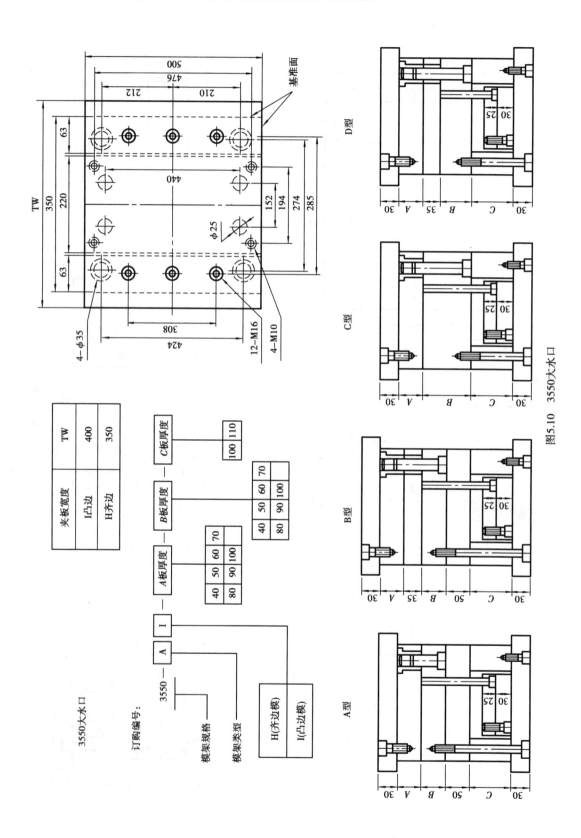

图5.10　3550大水口

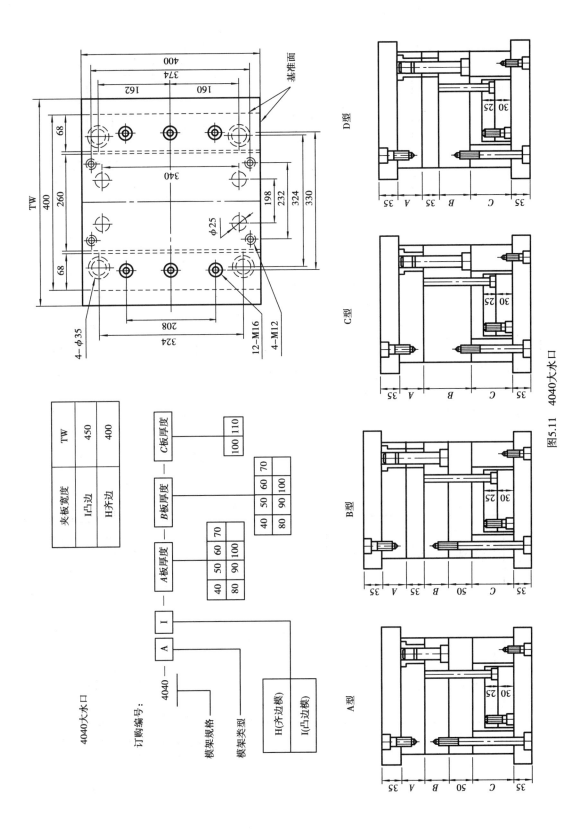

图5.11 4040大水口

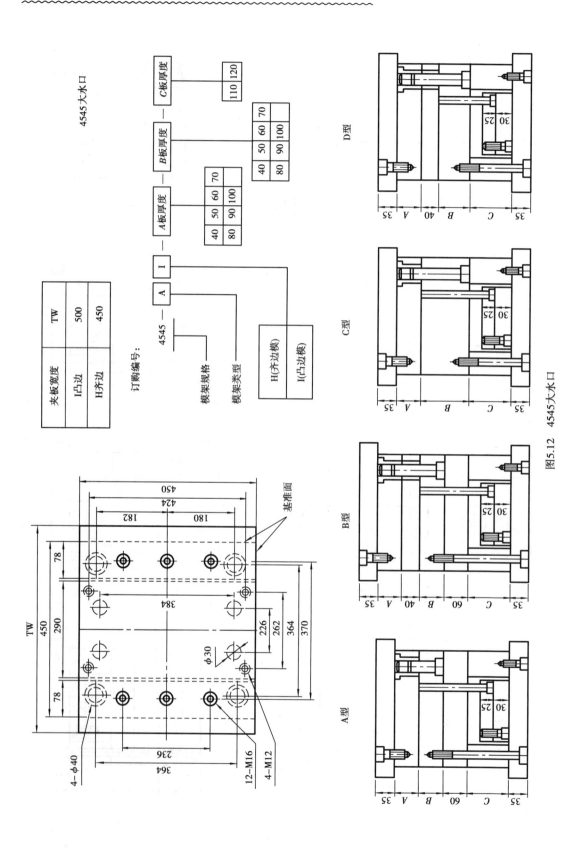

图5.12 4545大水口

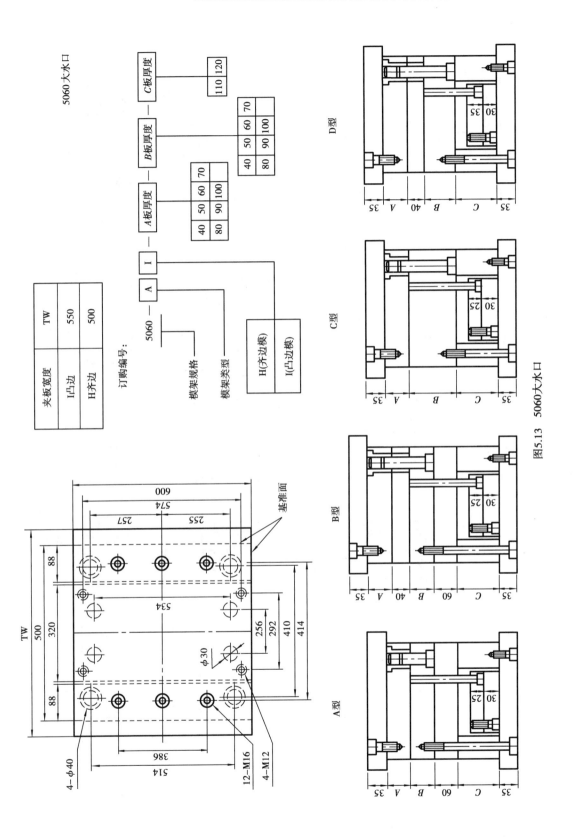

图5.13 5060大水口

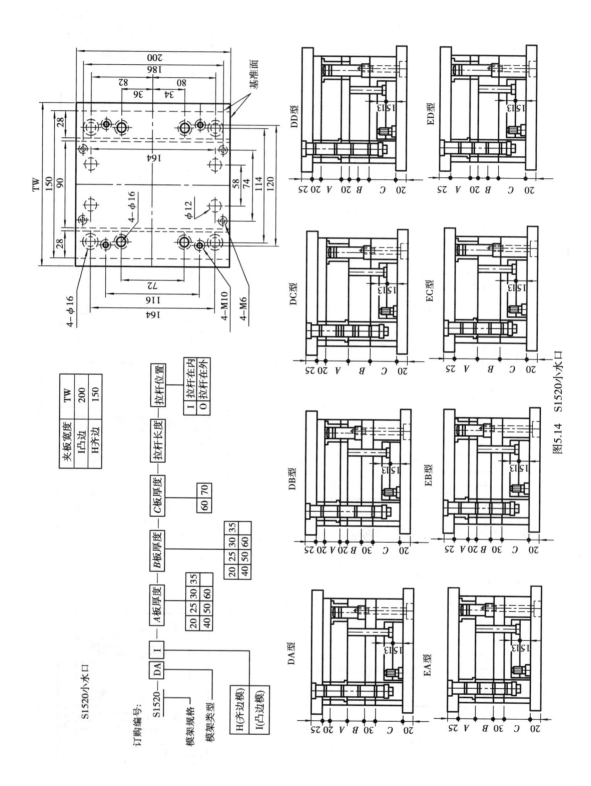

图5.14　S1520小水口

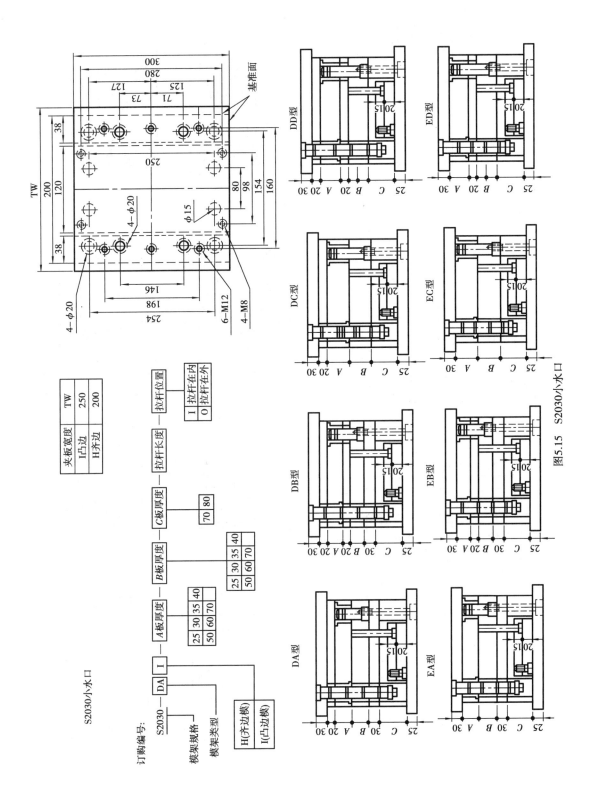

图5.15　S2030小水口

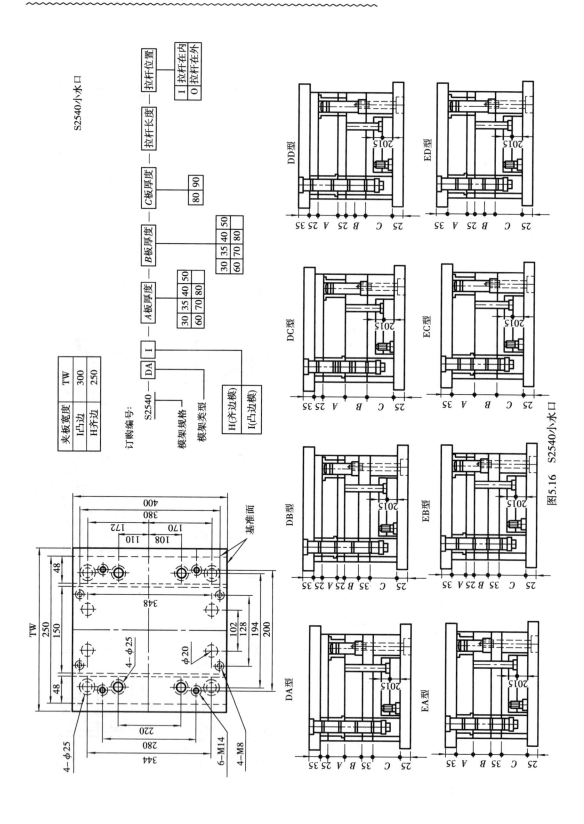

图5.16　S2540小水口

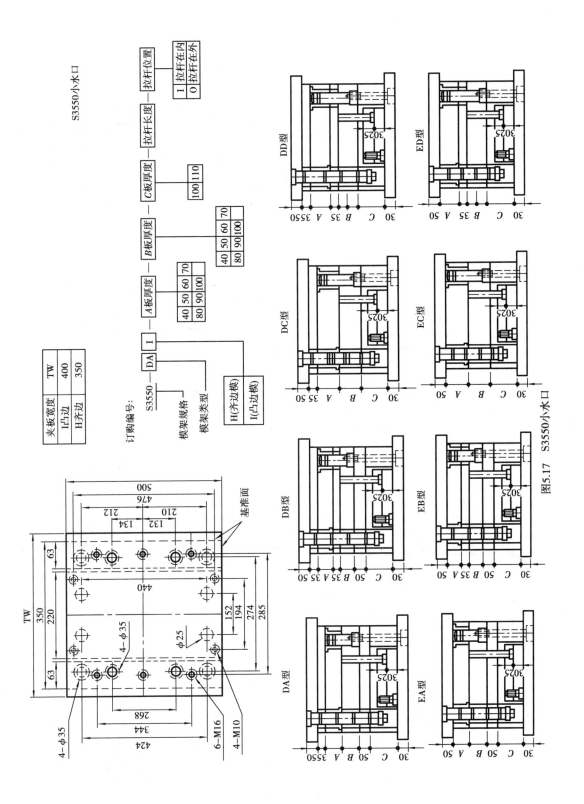

图5.17　S3550小水口

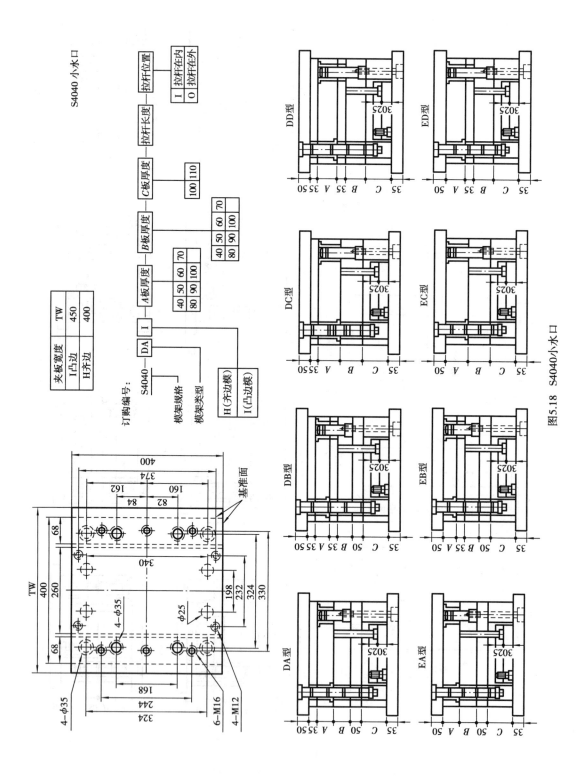

图5.18 S4040小水口

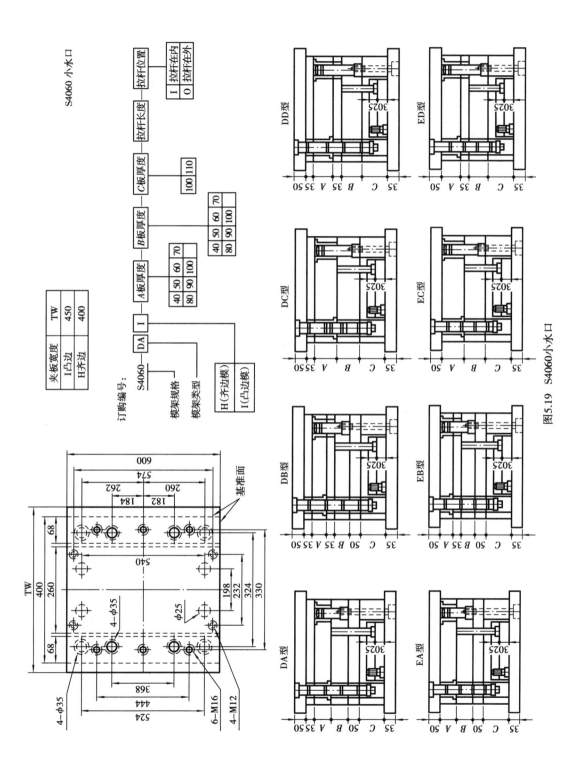

图5.19 S4060小水口

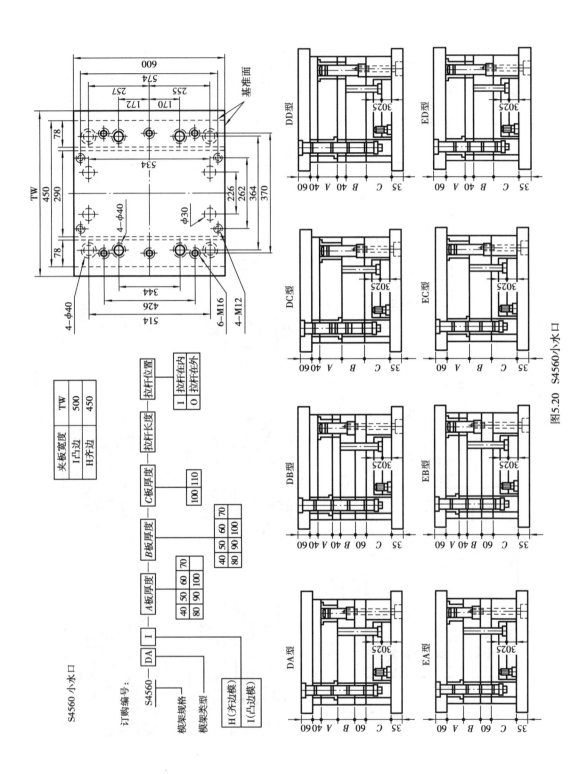

图5.20 S4560小水口

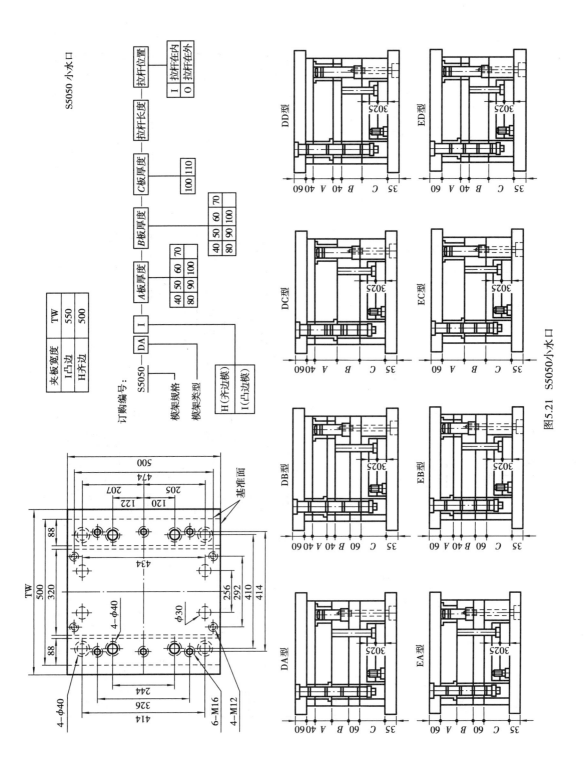

图 5.21　S5050 小水口

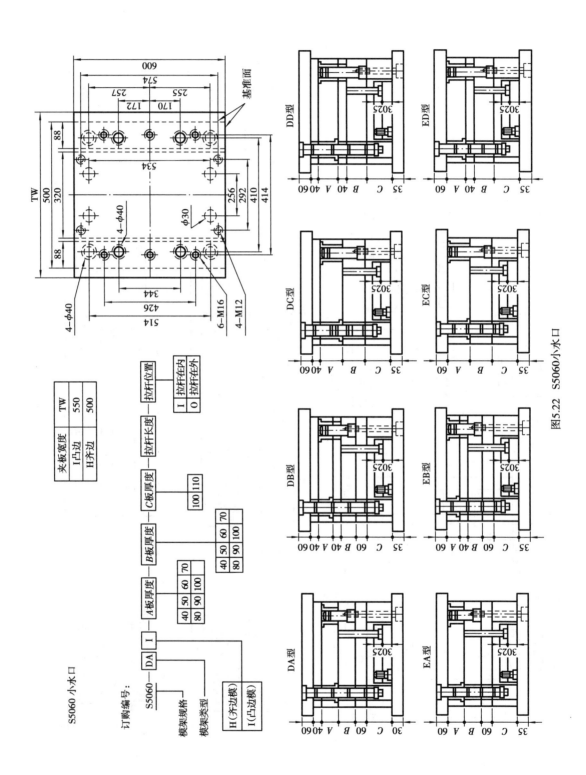

图5.22 S5060小水口

5.5　注塑模具主要标准件

5.5.1　浇口套

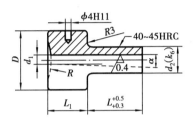

浇口套剖面尺寸图

浇口套各种尺寸见表5.10。

表 5.10

D	d_1	d_2	L_1	R	α	L
28	2.5	12	16	0/15.5	3°	20
						26
						46
28	3.5	12	16	0/15.5	3°	20
						26
						36
						46
						56
38	2.5	18	20	0/15.5/40	3°	26
						46
38	3.5	18	20	0/15.5/40	3°	26
						36
						46
						56
						66
						76

续表

D	d_1	d_2	L_1	R	α	L
38	3.5	18	26	0/15.5/40	3°	26
						36
						46
						56
						66
						76
38	5	18	26	0/15.5/40	3°	46
						76
50	5	25	26	0/15.5/40	2°	26
						36
						46
						56
						66
						76
						86
						96
						106
						126
50	7	25	26	0/15.5/40	2°	116
						136
						156

5.5.2　顶杆及顶管

顶杆结构如图所示。

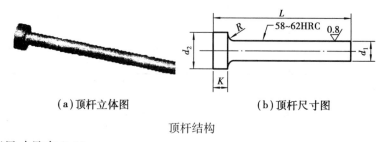

（a）顶杆立体图　　　　　　（b）顶杆尺寸图

顶杆结构

部分顶杆尺寸见表5.11。

表 5.11 部分顶杆尺寸

L_0^{+1}	d_1 g6	d_2 $_{-0.2}^{0}$	K $_{-0.05}^{0}$	R	L_0^{+1}	d_1 g6	d_2 $_{-0.2}^{0}$	K $_{-0.05}^{0}$	R	L_0^{+1}	d_1 g6	d_2 $_{-0.2}^{0}$	K $_{-0.05}^{0}$	R	L_0^{+1}	d_1 g6	d_2 $_{-0.2}^{0}$	K $_{-0.05}^{0}$	R
-100	2	4	2	0.2	-100	3.7	7	3	0.3	-200					-200				
-125					-125					-250					-250				
-160					-160					-315					-315				
-200					-200					-400					-400				
-250					-250					-500					-500				
-100	2.2	4	2	0.2	-315					-100	5.5	10	3	0.3	-100	8	14	5	0.5
-125					-400					-125					-125				
-160					-100	4	8	3	0.3	-160					-160				
-200					-125					-200					-200				
-100	2.5	5	2	0.3	-160					-250					-250				
-125					-200					-315					-315				
-160					-250					-400					-400				
-200					-315					-500					-500				
-250					-400					-100	6	12	5	0.5	-630				
-315					-500					-125					-800				
-100	2.7	5	2	0.3	-100	4.2	8	3	0.3	-160					-100	8.2	14	5	0.5
-125					-125					-200					-125				
-160					-160					-250					-160				
-200					-200					-315					-200				
-100	3	6	3	0.3	-250					-400					-250				
-125					-315					-500					-315				
-160					-400					-630					-400				
-200					-100	4.5	8	3	0.3	-100	6.2	12	5	0.5	-500				
-250					-125					-125					-630				
-315					-160					-160					-100	8.5	14	5	0.5
-400					-200					-200					-125				
-500					-250					-250					-160				
-100	3.2	6	3	0.3	-315					-315					-200				
-125					-400					-400					-250				
-160					-100	5	10	3	0.3	-500					-315				
-200					-125					-100	6.5	12	5	0.5	-400				
-250					-160					-125					-500				
-315					-200					-160					-630				
-400					-250					-200					-100	9	14	5	0.5
-100	3.5	7	3	0.3	-315					-250					-125				
-125					-400					-315					-160				
-160					-500					-400					-200				
-200					-630					-500					-250				
-250					-100	5.2	10	3	0.3	-100	7	12	5	0.5	-315				
-315					-125					-125					-400				
-400					-160					-160					-500				

续表

$L\,{}^{+1}_{\ 0}$	d_1 g6	d_2 ${}^{0}_{-0.2}$	K ${}^{0}_{-0.05}$	R	$L\,{}^{+1}_{\ 0}$	d_1 g6	d_2 ${}^{0}_{-0.2}$	K ${}^{0}_{-0.05}$	R	$L\,{}^{+1}_{\ 0}$	d_1 g6	d_2 ${}^{0}_{-0.2}$	K ${}^{0}_{-0.05}$	R	$L\,{}^{+1}_{\ 0}$	d_1 g6	d_2 ${}^{0}_{-0.2}$	K ${}^{0}_{-0.05}$	R
-630					-200					-100	12.2	20	7	0.8	-500				
-100	10	16	5	0.5	-250					-125					-630				
-125					-315					-160					-800				
-160					-400					-200					-1 000				
-200					-500					-250					-100	16	22	7	0.8
-250					-630					-315					-125				
-315					-100	11	16	5	0.5	-400					-160				
-400					-125					-100	12.5	18	7	0.8	-200				
-500					-160					-125					-250				
-630					-200					-160					-315				
-800					-250					-200					-400				
-1 000					-315					-250					-500				
-100	10.2	16	5	0.5	-400					-315					-630				
-125					-500					-400					-800				
-160					-630					-500					-1 000				
-200					-100	12	20	7	0.8	-630					-100	18	24	7	0.8
-250					-125					-800					-125				
-315					-160					-100	14	22	7	0.8	-160				
-400					-200					-125					-200				
-500					-250					-160					-250				
-630					-315					-200					-315				
-100	10.5	16	5	0.5	-400					-250					-400				
-125					-500					-315					-500				
-160					-630					-400					-630				

5.5.3　顶管结构

顶管结构如图所示。

（a）顶管立体图

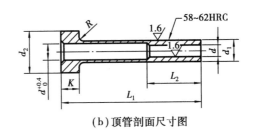

（b）顶管剖面尺寸图

顶管结构

部分顶管的尺寸见表 5.12。

表 5.12　部分顶管尺寸　　　　　　　　　　　　　　　　　　　单位:mm

$L_1{}^{+1}_{\ 0}$	L_2	d H5	d_1 g6	d_2 $^{0}_{-0.2}$	K $^{0}_{-0.05}$	R	$L_1{}^{+1}_{\ 0}$	L_2	d H5	d_1 g6	d_2 $^{0}_{-0.2}$	K $^{0}_{-0.05}$	R
-75	35	2	4	8	3	0.3	-75	45	3.2	5	10	3	0.3
-100							-100						
-125							-125						
-150							-150						
-75	35	2.2	4	8	3	0.3	-175						
-100							-75	45	3.5	6	12	5	0.5
-125							-100						
-150							-125						
-75	35	2.5	5	10	3	0.3	-150						
-100							-175						
-125							-75	45	3.7	6	12	5	0.5
-150							-100						
-75	45	2.7	5	10	3	0.3	-125						
-100							-150						
-125							-175						
-150							-75	45	4	6	12	5	0.5
-75	45	3	5	10	3	0.3	-100						
-100							-125						
-125							-150						
-150							-175						
-175							-200						

续表

$L_1{}^{+1}_0$	L_2	d H5	d_1 g6	d_2 $^0_{-0.2}$	K $^0_{-0.05}$	R	$L_1{}^{+1}_0$	L_2	d H5	d_1 g6	d_2 $^0_{-0.2}$	K $^0_{-0.05}$	R
−75	45	4.2	8	14	5	0.5	−225						
−100							−75	45	8	12	20	7	0.8
−125							−100						
−150							−125						
−175							−150						
−200							−175						
−75	45	5	8	14	5	0.5	−200						
−100							−225						
−125							−250						
−150							−75	45	8.2	12	20	7	0.8
−175							−100						
−200							−125						
−75	45	5.2	8	14	5	0.5	−150						
−100							−175						
−125							−200						
−150							−225						
−175							−250						
−200							−100	45	10	14	22	7	0.8
−75	45	6	10	16	5	0.5	−125						
−100							−150						
−125							−175						
−150							−200						
−175							−225						
−200							−250						
−225							−100	45	12	16	22	7	0.8
−75	45	6.2	10	16	5	0.5	−125						
−100							−150						
−125							−200						
−150							−225						
−175							−250						
−200							−300						

5.6 注塑模具典型结构图例

5.6.1 空心球柄注塑模具

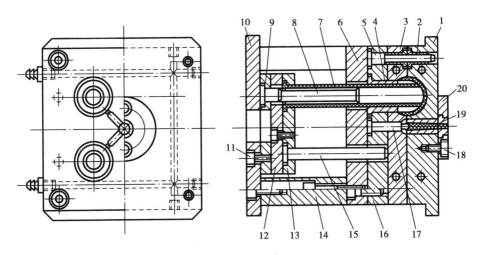

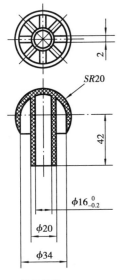

制品材料：HDPE

说　明

　　该模为推出板式结构，但为了保证制品中部能顺利脱出，故增设了顶出套管（件 7）、型芯（件 8）穿过顶出套管和前、后顶板（件 12、13），靠型芯压板（件 9）固定在动模底板（件 10）上。

20	定　位　圈	1
19	浇　口　套	1
18	内六角螺钉	2
17	拉　料　杆	1
16	动　模　板	1
15	顶　　　杆	4
14	脚　　　条	2
13	前　顶　板	1
12	后　顶　板	1
11	内六角螺钉	10
10	动　模　底板	1
9	型　芯　压板	1
8	型　　　芯	4
7	顶　出　套管	4
6	动　模　垫板	1
5	导　　　柱	4
4	成　　型　套	4
3	推　　出　板	1
2	导　　　套	8
1	定　　模　板	1
序号	名　　　称	件数

5.6.2 大口桶盖注塑模具

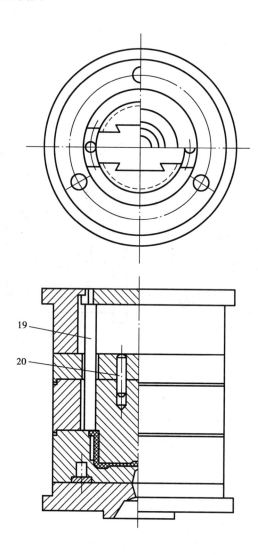

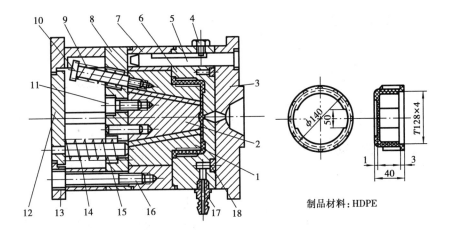

制品材料：HDPE

说　明

该结构采取内缩式斜滑块抽芯,适用于可断开螺纹(或内壁有凸凹物)的制品。

斜滑块(件1)在顶杆(件14)的作用力下沿主型芯(件2)的燕尾槽滑动,作内向斜抽芯。闭模时,斜滑块靠拉杆(件10)与弹簧(件9)的力复位,顶板(件12)靠弹簧(件15)也同时退回。为避免产品曲挠,特设有两件顶出杆(件19),既可做顶出用,又可保证顶出机构的完全复位。

20	定　位　销	2
19	顶　出　杆	2
18	水　槽　盖　板	1
17	水　　　嘴	2
16	内六角螺钉	6
15	弹　　　簧	4
14	顶　　　杆	4
13	模　脚　圈	1
12	顶　　　板	1
11	内六角螺钉	4
10	拉　　　杆	2
9	弹　　　簧	2
8	垫　　　板	1
7	动　模　板	1
6	型　腔　板	1
5	导　　　柱	3
4	限　位　螺　钉	3
3	定　模　板	1
2	主　型　芯	1
1	斜　滑　块	2
序　号	名　　　称	件　数

5.6.3 碟形螺帽注塑模具

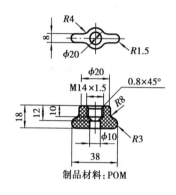

制品材料:POM

13	齿　　轮	1
12	齿　　条	2
11	拉料螺杆	1
10	定　模　板	1
9	动　　模	1
8	螺纹型芯	4
7	垫　　板	1
6	动　模　板	1
5	齿　　轮	1
4	齿　　轮	4
3	伞　齿　轮	1
2	伞　齿　轮	1
1	动模座板	1
序　号	名　　称	件　数

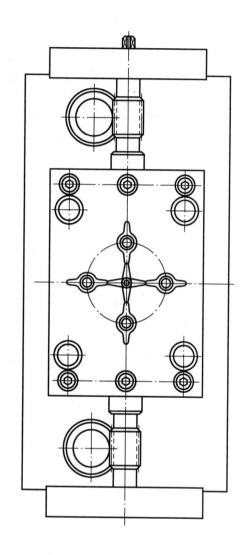

说　明

制品为螺母,由于批量大,故采用了模内卸螺纹的结构。

模具安装于机床上,一对齿条(件12)的位置已超出机床台面,因此不影响闭模。同时在开模状态时,齿条(件12)不脱离齿轮(件13)。

开模时,齿条(件12)带动齿轮(件13)转动,与齿轮(件13)共轴的伞齿轮(件2)同时转动,伞齿轮2又带动伞齿轮(件3)转动,从而使拉料螺杆(件11)转动脱出浇口。与此同时,齿轮(件5)带动齿轮(件4)转动而使螺纹型芯(件8)转动脱出制品。

应当注意,拉料螺杆(件11)与螺纹型芯(件8)的螺旋方向应相反。此模具,当齿条损坏无法工作时,可用手动完成脱螺纹。

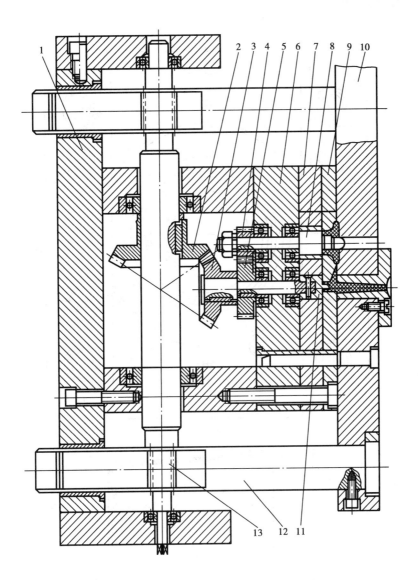

5.6.4　圆盒注塑模具

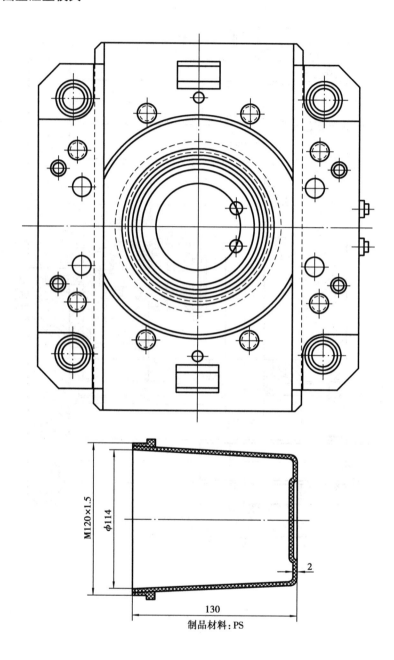

制品材料：PS

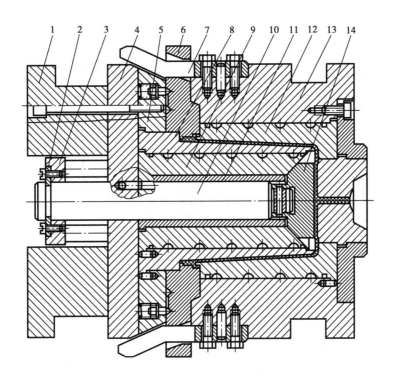

说 明

该模具的特点是,制品的螺纹由一对滑块(件6)成形,由弯拉杆(件7)进行脱螺纹,模具结构较为紧凑;定模(件13)的锥面既可使滑块(件6)得到强有力的锁紧,又可使动、定模自动定准中心,使制品获得均匀的壁厚;制品的内外表面均有螺旋式水路进行冷却,具有较好冷却效果;制品由推块(件14)顶出,制品与推块接触面较大且受力均匀。

连接杆(件10)及衬套(件11)均为淬硬件,此模具适合于大批量生产。

序号	名 称	件数	序号	名 称	件数
14	推 块	1	7	弯 拉 杆	2
13	定 模	1	6	滑 块	2
12	定模镶件	1	5	型芯固定板	1
11	衬 套	1	4	动 模 板	1
10	连 接 杆	1	3	推 板	1
9	水 套	1	2	卡 圈	1
8	型 芯	1	1	支 座	2

5.6.5 废纸篓注塑模具

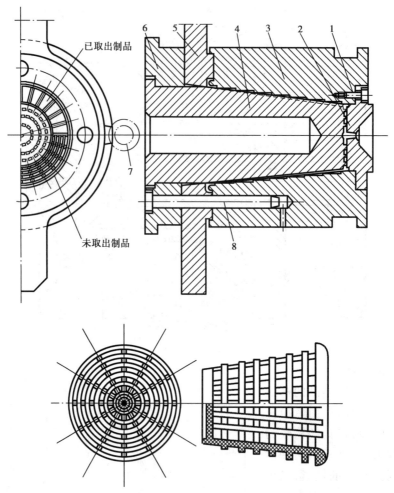

制品材料:PE

说 明

该结构适应成型网状制品。定模(件3)的型腔内加工圆形槽,但必须注意勿影响抽出,型芯(件4)外圆上加工顺脱模方向的成型槽。

由于型芯与型腔除成形槽外全部相吻合,故导柱可低于型芯,主要起挑推板(件5)的作用。

序 号	名 称	件 数
8	导 柱	4
7	吊 环	1
6	动 模 板	1
5	推 板	1
4	型 芯	1
3	定 模 板	1
2	浇 口 套	1
1	内六角螺钉	4

5.6.6　三通注塑模具

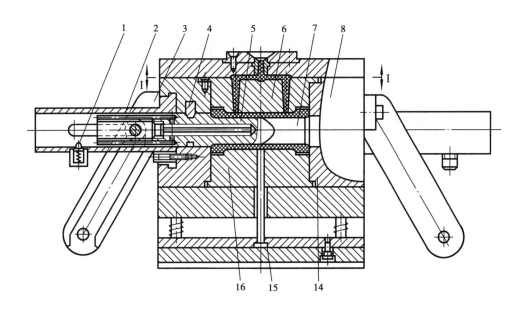

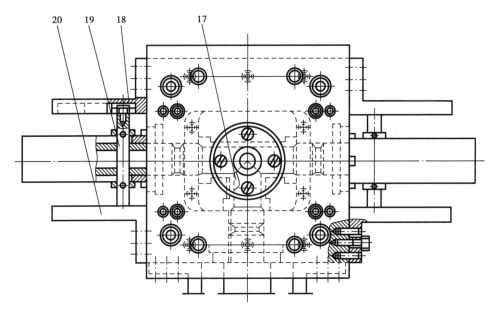

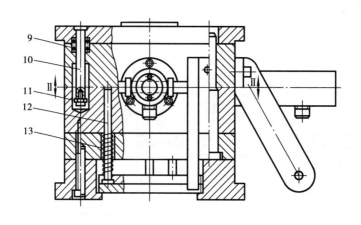

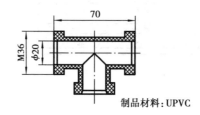

制品材料:UPVC

说 明

制品为塑料三通接头。

该模具采用滚轮式滑板抽芯机构。模具结构紧凑,抽芯稳定可靠,选取大抽拔角度,能满足较长的抽拔距离,滚动轴承(件18)与滑板导滑槽相配,摩擦阻力小。

开模时,弹簧(件9)使模具首先沿 I-I 分型面分型,脱出浇口,随后由拉杆(件10)及垫圈(件11)定距限位,模具沿 II-II 分型面分型。此时,三对滚动轴承(件18)沿三对滑板(件3、件20)的导滑槽滚动,分别通过轴(件19)带动侧型芯(件5、件7、件17)完成抽芯。推杆(件15)将制品顶出。

合模时,为避免推杆(件15)与侧型芯发生干扰,采用了弹簧(件13)使顶出机构先复位。

20	滑 板	3
19	轴	3
18	滚动轴承	6
17	侧型芯	1
16	动模镶件	1
15	推 杆	2
14	动 模	1
13	弹 簧	4
12	复位杆	4
11	垫 圈	4
10	拉 杆	4
9	弹 簧	4
8	定 模	1
7	侧型芯	1
6	定模镶件	1
5	侧型芯	1
4	锁紧块	3
3	滑 板	3
2	型芯导套	3
1	限位销	3
序 号	名 称	件 数

5.6.7　龙头壳体注塑模具

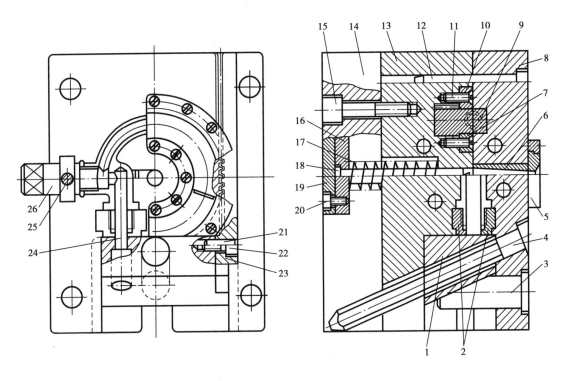

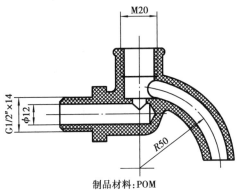

制品材料:POM

说　明

　　该结构关键解决了半径为 50 mm 的圆弧型芯的模内抽芯。启模时,靠斜导柱(件4)移动滑块(件1),使型销(件24)和齿条(件23)同时抽动,并迫使圆弧弯芯齿轮(件9)沿弧形导槽运动,实现抽芯。

　　型芯(件26)采取模外手动旋转脱螺纹,故有三件互换。

　　闭模时,随着活动滑块的复位,齿轮又被齿条带动,使圆弧弯芯回复至原位。

26	型　　芯	3
25	定　位　销	1
24	型　　销	1
23	齿　　条	1
22	内六角螺钉	2
21	圆　柱　销	2
20	内六角螺钉	4
19	后　顶　板	1
18	拉　料　杆	1
17	弹　　簧	1
16	前　顶　板	1
15	内六角螺钉	6
14	模　　脚	2
13	动　模　板	1
12	导　　柱	4
11	平头螺钉	9
10	外弧形压板	1
9	弯芯齿轮	1
8	定　模　板	1
7	内弧形压板	1
6	浇　口　套	1
5	定　位　圈	1
4	斜　导　柱	1
3	楔　　柱	1
2	丝　哈　夫	2
1	滑　　块	1
序　　号	名　　称	件　数

5.6.8　游标卡尺盒注塑模具

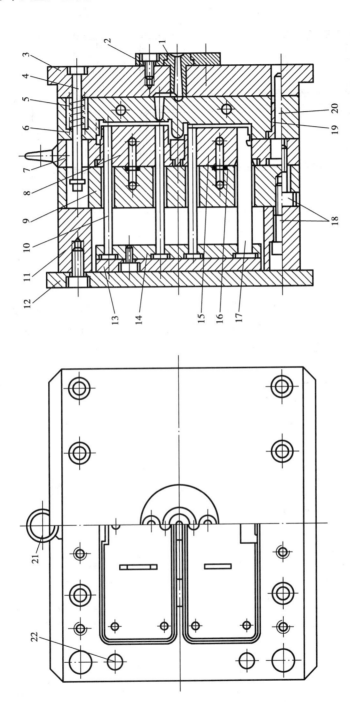

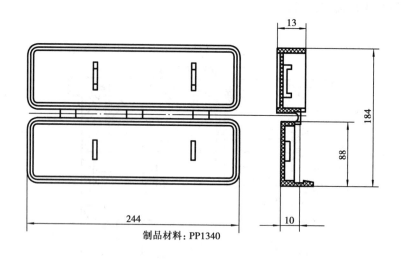

制品材料：PP1340

说　明

该模为三板式点浇口结构。

启模时,在弹簧(件5)的作用力和制品对型腔的胀紧力作用下,型腔板(件6)随动模移动,拔断点浇料口,拉杆(件4)限位,制品脱出型腔。最后靠顶出装置将制件顶出。由于制品只有一处凹槽,故成形顶杆(件17)顶出后,制品靠自重即可落下。

序　号	名　称	件　数	序　号	名　称	件　数
22	回　位　杆	4	11	脚　　条	2
21	吊　环	1	10	顶　出　杆	11
20	导　柱	4	9	动　模　垫　板	1
19	导　套	4	8	盒　底　型　芯	1
18	内六角螺钉	20	7	动　模　板	1
17	成　形　顶　杆	1	6	型　腔　板	1
16	密　封　圈	4	5	弹　　簧	4
15	盒　盖　型　芯	1	4	拉　　杆	4
14	前　顶　板	1	3	定　模　板	1
13	后　顶　板	1	2	定　位　圈	1
12	动　模　底　板	1	1	浇　口　套	1
序　号	名　称	件　数	序　号	名　称	件　数

第6章
塑料注塑模零件标准及模架选择方法

6.1　塑料注塑模零件标准

该项国家标准是1984年2月27日由原国家标准局批准并发布的,规定于1985年1月1日实施。该项标准共有11个通用零件标准,其标准号为GB 4169.1~11—84。这类零件之间具有相互配置的关系,可根据使用要求,选择配套组装。

采用这11个通用标准零件配套组装的注塑模具,适用于10~4 000 cm³塑料注射机用的中小模具。

（1）**推杆**（GB 4169.1—84）

推杆见表6.1。

表6.1　推杆

| 1）标记示例:
$d=6$ mm,$L=160$ mm 的推杆
推杆 $\Phi 6 \times 160$　GB 4169.1—84
2）材料:T8A　GB 1298—86（直径在6 mm 以下允许用 65MnGB 599—88）
3）技术条件:
①工作端棱边不许倒钝
②工作端面不允许有中心孔
③其他按 GB 4170—84 | 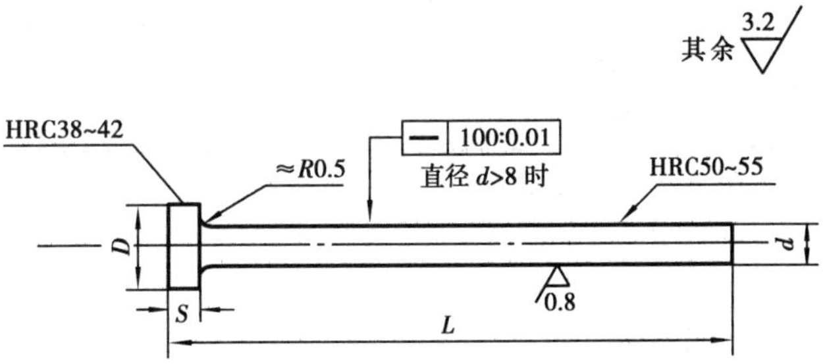 |

续表

基本尺寸	极限偏差	D	S	100	125	160	200	250	315	400	500	630	800	1 000
1.6	−0.005 −0.012	4	2	○	○	○	●							
2				○	○	○	●							
2.5		5		○	○	○	●							
3	−0.010 −0.018	6	3	○	○	○	○	●	●					
3.2						○			○					
4		8		○	○	○	○	○		●				
4.2					○				○	●				
5		10		○	○	○	○	○	●	●	●			
5.2					○				○	●				
6	−0.013 −0.022	12	5	○	○	○	○	○	●	●	●	●		
6.2					○				○	●				
8		14		○	○	○	○	○	○	○	●	●	●	
8.2					○				○	○				
10	−0.016 −0.027	16		○	○	○	○	○	○	○	●	●	●	●
10.2					○				○	○				
12.5		18	7		○	○	○	○	○	○	○	●	●	●
16		22				○	○	○	○	○	○		●	●
20	−0.020 −0.033	26	8				○	○	○	○	○	○	●	●
25		32	10						○	○	○	○	●	●
32	−0.025 −0.041	40									○	○	●	●

注:1.“●”号为非优先选用值;

　2. d 为 3.2,4.2,5.2,6.2,8.2,10.2 的尺寸供修配用。

（2）直导套

直导套见表6.2。

表6.2 直导套

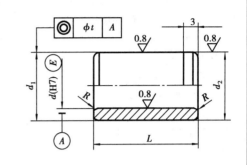

1)标记示例:
$d = 12$ mm, $L = 32$ mm 的直导套:
导套 $\Phi 12 \times 32$　GB 4169. 2—84
当材料为20钢时:
导套 $\Phi 12 \times 32$—20 钢　GB 4169. 2—84
2)材料:T8A　GB1298—86
　　　　20 钢 GB 699—88
3)技术条件:
①热处理 HRC50 ~ 55;20 钢渗碳 0. 5 ~ 0. 8 淬硬
HRC56 ~ 60
②图中标注的形位公差值按 GB 1184—80 的附
录一,t 为 6 级
③d 和 d_1 的尺寸公差根据使用要求可在相同公
差等级内变动
④图示倒角不大于 $0. 5 \times 45°$

d (H7)		d_1 (m6)		d_2 (e7)		R	L									
基本尺寸	极限偏差	基本尺寸	极限偏差	基本尺寸	极限偏差		12.5	16	20	25	32	40	50	63	80	100
12	+0. 018 0	18	+0. 023 +0. 012	18	−0. 032 −0. 050	1	○	○	○	○	○					
16		21	+0. 028 +0. 015	21	−0. 040 −0. 061			○	○	○	○	○				
20	+0. 021 0	28		28					○	○	○	○	○			
25		35	+0. 033 +0. 017	35	−0. 050 −0. 075					○	○	○	○			
32	+0. 025 0	42		42		1. 5					○	○	○	○	○	
40		50		50								○	○	○	○	
50		63	+0. 039 +0. 020	63	−0. 060 −0. 090								○	○	○	○
63	+0. 03 0	80		80									○	○	○	○	○

（3）**带头导套**（GB 4169. 3—84）
带头导套见表6.3。

表 6.3　带头导套

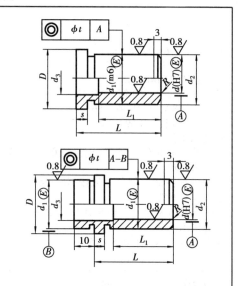

1）标记示例：

$d=12$ mm,$L=40$ mm 的带头导套Ⅰ型：

导套 $\Phi12\times40$（Ⅰ）　GB 4169.3—84

当材料为 20 钢时：Ⅰ型导套 $\Phi12\times32$—20 钢

GB 4169.3—84

2）材料：T8A　GB1298—86

　　　　20 钢　GB 699—88

3）技术条件：

①处理 HRC50～55；20 钢渗碳 0.5～0.8

淬硬 HRC56～60

②图中标注的形位公差值按 GB 1184—80 的附

录一，t 为Ⅱ型 6 级

③图示倒角不大于 $0.5\times45°$

④其他按 GB 4170—84

d(H7)	基本尺寸	12	15	20	25	32	40	50	63
	极限偏差	+0.018 0		+0.021 0		+0.025 0		+0.030 0	
d_1(m6)	基本尺寸	18	24	28	35	42	50	63	80
	极限偏差	+0.012 +0.001	+0.015 +0.002		+0.018 +0.002		+0.060 -0.090		
d_2(e7)	基本尺寸	18	24	28	35	42	50	63	80
	极限偏差	-0.032 -0.040	-0.040 -0.061		-0.050 -0.075		-0.060 -0.090		
D		22	28	32	40	48	56	71	90
d_3		12	16	20	25	32	40	50	63
d_4(f7)	基本尺寸	12	24	28	35	42	50	63	80
	极限偏差	-0.016 -0.034	-0.020 -0.041		-0.025 -0.050		-0.030 -0.060		
S		6	6			8		10	
R		1			1.5				
L		L_1							
16		16							
20		20							
25		25							

32				32	
40	32			40	
50				50	
63	40			63	
80		63		80	
100			80	100	
125				100	125
160					
200				125	

（4）带头导柱（GB 4169.4—84）

带头导柱见表 6.4。

表 6.4　带头导柱

1）标记示例：

$d = 12$ mm, $L = 100$ mm, $L_1 = 25$ mm 的带头导柱：

导柱 $\Phi 12 \times 100 \times 25$　GB 4169.4—84

当材料为 20 钢时：

　　导柱 $\Phi 12 \times 100 \times 25 - 20$　钢 GB 4169.4—84

2）材料：T8A　GB 1298—86

　　　　20 钢　GB 699—88

3）技术条件：

①热处理 HRC50～55；20 钢渗碳 0.5～0.8 淬硬 HRC56～60

②图中标注的形位公差值按 GB 1184—80 的附录一，t 为 6 级

③d 尺寸公差根据使用要求可在相同公差等级内变动

④图示倒角不大于 0.5×45°

⑤在滑动部位需要设置油槽时，其要求由承制单位自行决定

⑥其他按 GB 4170—84

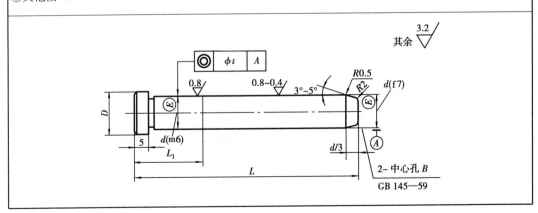

续表

		12	16	20	25	32	40	50	63
d(f7)	基本尺寸	12	16	20	25	32	40	50	63
	极限偏差	−0.016 −0.034		−0.020 −0.041		−0.025 −0.050			−0.030 −0.060
d_1(k8)	基本尺寸	12	16	20	25	32	40	50	63
	极限偏差	+0.012 +0.001		+0.015 +0.002		+0.018 +0.002			+0.021 +0.002
D		16	20	25	32	40	48	56	70
S		4		6			8		10
L		L_1							
40									
50		20							
63									
71			25	25	25				
80		25							
90									
100					32				
112				32		40			
125		32	32						
140									
160					40		50		
180				40				63	
200			40			50			
224					50				80
250				50					
315						63	63	80	
355									100
400							80	100	
500									125

（5）**有肩导柱**（GB 419.5—84）

有肩导柱见表6.5。

表 6.5　有肩导柱

1) 标记示例:

$d = 12$ mm, $L = 100$ mm, $L_1 = 25$ mm 的有肩导柱

Ⅰ型:

导柱 $\Phi 12 \times 100 \times 25$ (Ⅰ)　GB 4169.5—84

当材料为 20 钢时:

导柱 $\Phi 12 \times 100 \times 25$ (Ⅰ)—20 钢　GB 4169.5—84

2) 材料:T8A　GB 1298—86　20 钢　GB 699—88

3) 技术条件:

① 热处理 HRC50 ~ 55;20 钢渗碳 0.5 ~ 0.8 淬硬

HRC56 ~ 60

② 图中标注的形位公差值按 GB 1184—80 的附录一, t 为 6 级

③ d 尺寸公差根据使用要求可在相同公差等级内变动

④ 图示倒角不大于 0.5 × 45°

⑤ 在滑动部位需要设置油槽时,其要求由承制单位自行决定

⑥ 其他按 GB 4170—84

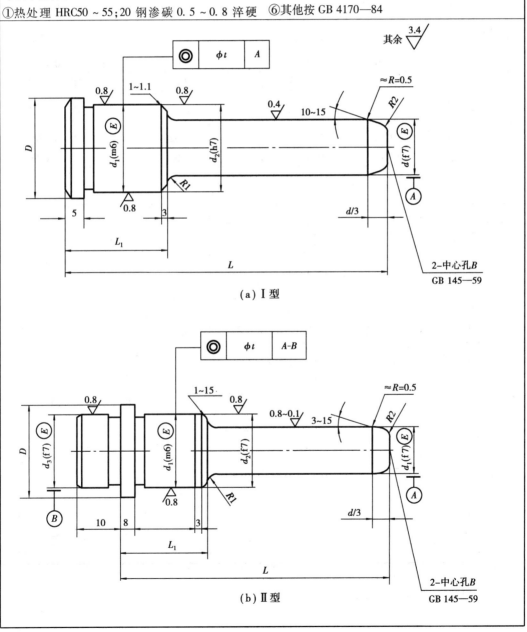

(a) Ⅰ型

(b) Ⅱ型

续表

d(H7)	基本尺寸	12	16	20	25	32	40	50	63
	极限偏差	−0.016 −0.034		−0.020 −0.041		−0.025 −0.050			−0.030 −0.050
d₁(k6)	基本尺寸	18	24	28	35	42	50	63	80
	极限偏差	+0.012 +0.001		+0.015 +0.002		+0.018 +0.020			+0.021 +0.002
d₂(e7)	基本尺寸	18	24	28	35	42	50	63	80
	极限偏差	−0.032 −0.050		−0.040 −0.061		−0.050 −0.075			−0.060 −0.090
D		22	28	32	40	48	56	71	90
d₃(f7)	基本尺寸	18	24	28	35	42	50	63	80
	极限偏差	−0.016 −0.034		−0.020 −0.041		−0.025 −0.050			−0.030 −0.060
S		4		6			8		10

L	\(L_1 \) (d=12)	16	20	25	32	40	50	63
40								
50	20							
63				25				
71		25	25					
80								
90	25					40		
100				32				
112					40			
125	32	32	32					
140								
160				40			50	
180			40		50			63
200		40				50		
224			50	50				80
250								
315					63	63	63	
355								100
400						80	80	
500								125

导柱、导套应用示例见表 6.6。

表6.6　导柱导套应用示例

导柱、导套的应用示例(参考件)： 1—带头导套(Ⅱ型);2—到头导柱;3—支承板;4—动模板;5—定模板;6—定模固定板;7—有肩导柱(Ⅱ型);8—带头导套(Ⅱ型);9—到头导套(Ⅰ型);10—有肩导柱(Ⅰ型);11—推杆固定板;12—推板;13—垫块;14—动模固定板	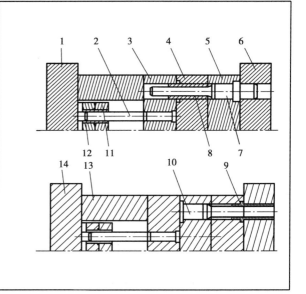

（6）**垫块**（GB 4169.6—84）

垫块见表6.7。

表6.7　垫块

1)标记示例：
$B = 20$ mm, $L = 100$ mm, $H = 40$ mm 的垫块：
垫块 $20 \times 100 \times 40$　GB 4169.6—84
2)材料：Q235A 钢　GB 700—88
3)技术条件：
①图中标注的形位公差值按 GB 1184—80 附录一, t 为 5 级
②其他按 GB 4170—84

B	L							H								
								40	50	63	80	100	125	160	200	250
20	100	125	160					○	○	○						
25	125	160	200					○	○	○						
32	160	200	250	315					○	○	○					
40	200	250	315	355	400				○	○	○					
50	250	315	355	400	450	500	560	○	○	○						
56	315	355	400	450	500	560	630		○	○	○					
63	355	400	450	500	560	630	710			○	○	○				
80	450	500	560	630	710	800					○	○	○			

续表

B	L							H								
								40	50	63	80	100	125	160	200	250
100	560											○	○	○		
100	630	710	800	900								○	○	○	○	
125	710												○	○	○	
125	800	900	1 000										○	○	○	○
125	1 250													○	○	○
160	900	1 000	1 250											○	○	○

（7）推板（GB 4169.7—84）

推板见表 6.8。

表 6.8 推板

1）标记示例：

$B = 56$ mm, $L = 100$ mm, $H = 12.5$ mm 的推板：

推板 $56 \times 100 \times 12.5$ GB 4169.7—84

2）材料:45 钢 GB 699—88

3）技术条件：

①图中标注的形位公差值按 GB 1184—80 附录一, t_1 为 6 级, t_2 为 8 级

②以 A 为基准的直角相邻两面,应做出明显记号,标记方法由承制单位自行决定

③其他按 GB 4170—84

B	L							H								
								10	12.5	16	20	25	32	40	50	63
58	100	125	160					○	○							
73	125	160	200							○	○					
94	160	200	250	315						○	○	○				
114	200	250	315							○	○	○				
118	200	250	315	355	400						○	○	○			
148	250	315	355	400	450	500	560				○	○	○			
190	315	355	400	450	500	560	630			○			○	○		
225	355	400	450	500	560	630	710			○				○	○	
270	400	450	500	560	630	710						○		○	○	
286	450	500	560	630	710	800						○		○	○	

续表

B	L						H								
							10	12.5	16	20	25	32	40	50	63
336	500	560	630	710	800	900					○		○	○	
354	560	630	710	800	900						○		○	○	
424	630	710	800	900							○		○	○	
454	710	800	900	1 000								○	○	○	
542	800	900	1 000	1 250								○	○	○	
572	900	1 000	1 250									○		○	○
672	1 000											○		○	

（8）**模板**（GB 4169.8—84）

模板见表6.9。

表6.9　模板

1）标记示例：

$B = 100$ mm, $L = 160$ mm, $H = 40$ mm 的模板

模板 $100 \times 160 \times 40$　GB 4169.8—84

2）材料：45 钢　GB 699—88

注：当用做定模固定板、动模固定板时允许用 Q235 钢　GB 700—88

3）技术要求：

①图中标注的形位公差值按 GB 1184—80 的附录一，t_1 为5级，t_2 为6级，t_3 为8级。当用做定模固定板、动模固定板时，根据使用要求，t_2、t_3 的等级由承制单位自行决定

②以 A 为基准的直角相邻两面应作出明显标记，标记方法由承制单位自行决定

③其他按 GB 4170—84

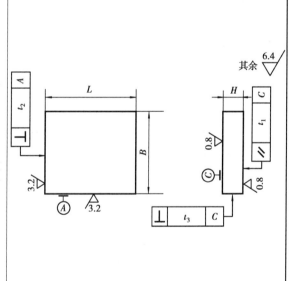

B	L				H										
					12.5	16	20	25	32	40	50	63	80	100	125	160	200
100	100	125	160		○	○	○	○	○	○	○	○					
125	125	160	200		○	○	○	○	○	○	○	○					
160	160	200	250	315		○	○	○	○	○	○	○		○			
180	200	250	315				○	○	○	○	○	○		○			
200				355	400			○	○	○	○	○	○	○	○			

续表

B	L					H												
						12.5	16	20	25	32	40	50	63	80	100	125	160	200
250	250	315	355	400				○	○	○	○	○	○	○	○			
250	450	500	560						○	○	○	○	○	○	○			
315	315	355	400	500					○	○	○	○	○	○	○			
	560	630								○	○	○	○	○	○			
355	355	400	450	500	560				○	○	○	○	○	○	○	○		
	630	710								○	○	○	○	○	○	○		
400	400	450	500	560							○	○	○	○	○	○	○	
	630	710									○	○	○	○	○	○	○	
450	450	500	560							○	○	○	○	○	○	○	○	
	630	710	800								○	○	○	○	○	○	○	
500	500	560	630							○	○	○	○	○	○	○	○	
	710	800									○	○	○	○	○	○	○	
560	560	630	710								○	○	○	○	○	○	○	○
	800	900										○	○	○	○	○	○	○
630	630	710	800	900								○	○	○	○	○	○	○
710	710	800	900	1 000								○	○	○	○	○	○	○
800	800	900	1 000	1 250								○	○	○	○	○	○	○
900	900	1 000	1 250									○	○	○	○	○	○	○
1 000	1 000											○	○	○	○	○	○	○
	1 250											○	○	○				

模板、垫板、推板的组合平面尺寸配置见表6.10。

表 6.10　模板、垫板、推板的组合平面尺寸配置

模板、垫块、推板的组合平面尺寸配置(参考件):

1—定模固定板;2—定模板;3—动模板;4—支承板;5—垫块;6—推杆固定板;7—推板;8—动模固定板

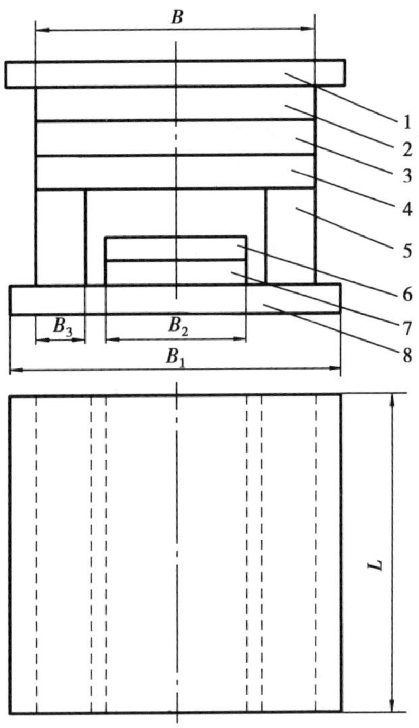

B	B_1	B_2	B_3	L
100	125,160	58	20	100,125,160
125	160	73	25	125,160,200
160	200	94	32	160,200,250,315
180	250	114		200,250,315
200		118	40	200,250,315,355,400
250	315	148	50	250,315,355,400,450,500,560
315	355,400	199	56	315,355,400,450,500,560,630
355	400,450	225	63	355,400,450,500,560,630,710
400	450,500	270		400,450,500,560,630,710
450	500,560	286	80	450,500,560,630,710,800
500	560,630	336		500,560,630,710,800
560	630	354	100	560,630,710,800,900
630	710	424		630,710,800,900
710	800	454	125	710,800,900,1 000
800	900	542		800,900,1 000,1 250
900	1 000	572	160	900,1 000,1 250
1 000	1 250	672		1 000

(9)限位钉(GB 4169.9—84)

限位钉见表 6.11。

表 6.11　限位钉

1)标记示例:

$d = 8$ mm 的限位钉

限位钉 $\Phi8$　GB 4169.9—84

2)材料:45 钢　GB 699—88

3)技术条件:

①热处理 HRC40~45

②图示倒角为 $1 \times 45°$

③其他按 GB 4170—84

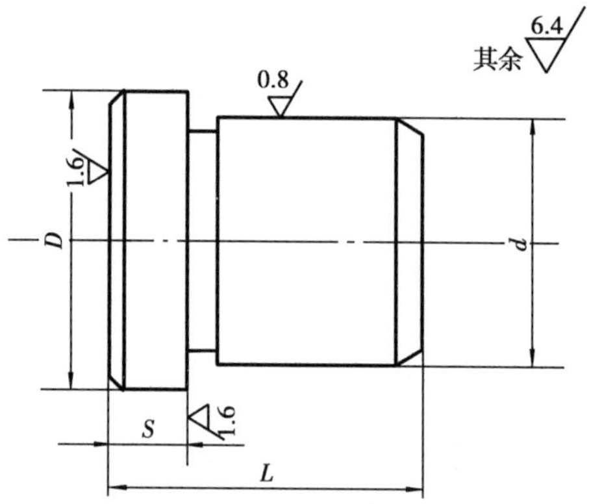

$d(n_6)$		D	S	L
基本尺寸	极限偏差			
8	+0.019 +0.010	16	4	16
12	+0.023	20	6	20
16	+0.012	25	10	25

（10）**支承柱**(GB 4169.10—84)

支承柱见表 6.12。

表 6.12　支承柱

1)标记示例:

$d = 32$ mm, $L = 63$ mm 的支承柱:

支承柱 $\Phi32 \times 63$　GB 4169.10—84

2)材料:45 钢　GB 699—88

3)技术条件:

①图示倒角为 $1 \times 45°$

②$\Phi10$ 孔可改制成螺孔或通孔

③其他按 GB 4170—84

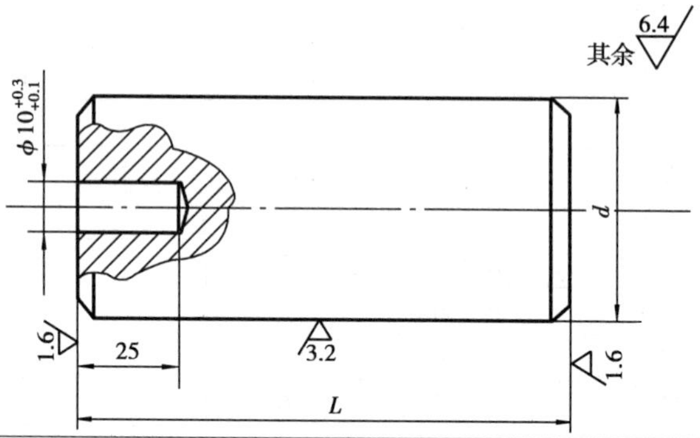

d	L						
	63	80	100	125	160	200	250
32	○	○	○				
40		○	○	○			
50			○	○	○		
63				○	○	○	
80					○	○	○
100				○	○		○

（11）**圆锥定位件**（GB 4169.11—84）

圆锥定位件见表 6.13。

表 6.13　圆锥件定位

1）标记示例： $d = 6$ mm 的圆锥定位件： 定位锥 $\Phi6$　GB 4169.11—84 2）材料：T10A GB 1298—86 3）技术条件： ①热处理 HRC58～62	②外形部位配偶研配，贴合面不少于 80% ③图中标注的形位公差值按 GB 1184—80 的附录一，t_1 为 5 级 ④图示倒角为 $1 \times 45°$ ⑤其他按 GB 4170—84

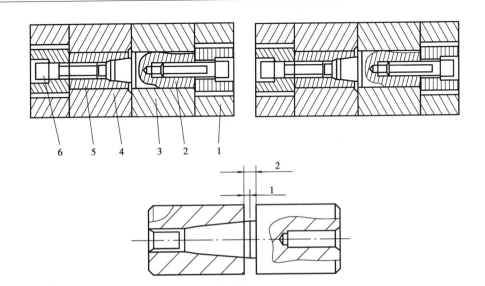

d	d_1 基本尺寸	d_1 极限偏差	d_2 基本尺寸	d_2 极限偏差	d_3	L	L_1	L_2	L_3
6	12	+0.023 +0.012	12	−0.032 −0.050	M4	16	4	8	11
10	16		16		M5	20	6		
12	20	+0.028 +0.015	20	−0.040 −0.061	M8	25	9	13	15
16	25		25			32	10		
20	32	+0.033 +0.017	32	−0.050 −0.075	M10		14	20	18
25	40		40			40	18	25	
32	50		50		M12	50	20	30	20

圆锥定位件应用示例见表 6.14。

表 6.14　圆锥定位件应用示例

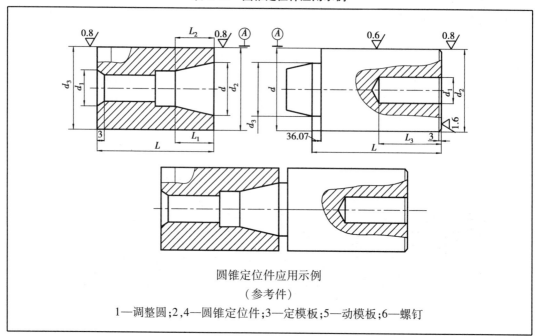

圆锥定位件应用示例

（参考件）

1—调整圆;2,4—圆锥定位件;3—定模板;5—动模板;6—螺钉

6.2　标准模架选择方法

注塑模模架标准中,每一种动、定模板平面尺寸(如 $100 \times L$)中有 4 种类型:A_1,A_2,A_3,A_4。其中:

A_1 类是凸模通过固定凸缘或固定端植入动模板中,直接用螺栓紧固在动模板上,并且是用推杆脱模;

A_2 类是凸模通过固定压板压紧在动模板上,并且是用推杆脱模;

A_3 类是凸模通过固定凸缘或固定端植入动模板中,直接用螺栓紧固在动模板上,并且是用推板脱模;

A_4 类是凸模通过固定压板压紧在动模板上,并且是用推板脱模。

因此选择步骤如下:

1)首先按照你的模具结构设计,即凸模固定方式和塑件脱模形式,决定采用四种类型模架中的哪一种。

2)根据型腔尺寸(多腔模,即根据型腔布置范围尺寸)和凹模壁厚,算出凹模板平面尺寸中的宽度。在"标准"表的标准模架中选择模架型号:如 $100 \times L$,$125 \times L$,……例如,要求的凹模板宽为 100 mm,则选 $100 \times L$ 型标准模架,若凹模板宽为 160 mm,则选用 $160 \times L$ 型标准模架。

3)在确定了标准模架型号及类别后,则可根据你计算所确定的凹模板长度,从"标准"模架表中,选定 L 这个尺寸。

4）当 L 这个尺寸确定了之后,则相应的推杆(或顶杆)布置尺寸 L_t,导柱(或导套)孔中心距尺寸 L_T,垫块与动模板固定螺钉孔中心距尺寸 L_M 以及上模板与凹模板螺栓固定孔中心距尺寸 L_m 均确定了。

5）通过上述 4 步,模架形式已初步确定,下面的工作是要进一步确定:凹模板厚度 A、动模板厚度 B、及垫块(或模脚)高度 C。这三个参数的确定次序为:首先根据型腔(即凹模)深度从强度或刚度要求所决定的型腔(或凹模)底厚之和来确定凹模厚度 A 值;当 A 值确定之后,再根据顶出塑件行程和推杆(或顶杆)固定板厚度及顶板厚度三者之和,在上面所确定的 A 值所对应的 C 的数值中确定一合适的 C 值;最后从 C 值所对应的 B 值中选择一适当的 B 值。如何决定 B 值则要从满足动模板抗弯强度或抗弯刚度的要求出发来决定。

6）待型号类型 A,B,C 值确定了之后,则模具相应的闭合高度 H 也可以计算出来。

7）按照你所确定的模架之长、宽及闭合高度,校核你所初选的注射机相应的安装尺寸及装模厚度是否适应。如若不行,而且在模具结构不能调整的情况下,只有改选注射机。

6.3　塑料注塑模具要求汇编

（1）技术要求

标准条目编号	条目内容
1.1	零件图中未注公差尺寸的极限偏差按 GB 1804—79《公差与配合　未注公差尺寸的极限偏差》中的 js14
1.2	零件图中未注公差按 GB 1184—80《形状和位置公差　未注公差的规定》,其中直线度、平面度、同轴度的公差等级均按 C 级
1.3	板类零件的棱边均须倒钝
1.4	零件图中螺纹的基本尺寸按 GB 196—81《普通螺纹　基本尺寸(直径 1~600 mm)》的规定,其偏差按 GB 197—81《普通螺纹公差与配合》(直径 1~335 mm)的 3 级
1.5	零件图中砂轮越程槽的尺寸按 JB3—59《砂轮越程槽》的规定
1.6	零件材料允许代用,但代用材料的机械性能不得低于规定材料的要求
1.7	零件表面经目测不允许有锈斑、裂纹、夹杂物、凹坑、氯化斑点和影响使用的划痕等缺陷
1.8	凡重量超过 25 kg 的板类零件均须设置吊装用螺孔,其数量、位置和尺寸由承制单位自行决定
1.9	如对零件有其他技术要求,由供需双方协商决定

（2）检验规则

标准条目编号	条目内容
2.1	零件分别按 GB 4169.1~11—84 和本标准的 1.1~1.9 的规定进行检验,检验合格的零件须有检验合格标记
2.2	零件出厂的检验项目和方法由供需双方协商决定

（3）标记、包装、运输、存储

标准条目编号	条目内容
3.1	在零件的非工作表面或包装上用电刻、打钢印或挂、贴标签等方法作成零件的规格和材料标记。在出厂包装上,应有制造厂名、零件名称、规格、数量和出厂日期等标记
3.2	检验合格的零件须清理干净,经防锈处理后入库存储
3.3	零件须根据运输要求进行包装,并采取安全措施,以保证在正常运输中(负责里程里)不致损伤零件和发生事故,包装形式及方法由承制单位自行决定
3.4	如有其他要求,由供需双方协议

（4）零件技术要求

编号	条目要求
1	设计塑料模应优先按 GB 4169.1～11—84《塑料注塑模零件》,GB/T 12556.1—90《中小型塑料模模架》,GB/T 12555.1～15—90《大型塑料注塑模模架》选用标准模架和标准件
2	模具成型零件及其材料和热处理硬度,应优先按表1内容选用,允许采用质量和性能高于表1规定的其他钢种

表1

模具零件名称	模具材料		热处理硬度	
	牌号	标准号	HB	HRC
型腔,型芯,定、动镶块,活动镶块,螺纹型芯及型环	45	GB 669	216～260	40～45
	40Cr	GB 3077		
	40CrNiMoV		—	预硬状态 35～45
	3Cr2Mo	GB 1299		
	4Cr5MoSiV1		246～280	45～55
	3Cr13	GB 1220		

编号	条目要求
3	成形对模具易腐蚀的塑料时,其成形工作零件必须采用不锈钢制作,否则其成形表面应采取防腐蚀措施
4	成形对模具易磨损的塑料时,其成型零件硬度应不低于HRC50,否则其成形表面应进行表面硬化处理,硬度高于HV600
5	模具零件的几何形状、尺寸精度、表面粗糙度等应符合图样要求
6	模具零件不允许有裂纹,成形表面不允许有划痕、机械损伤、锈蚀等缺陷
7	采用化学方法进行处理的成形零件,必须彻底清洗,不允许残存化学介质
8	成形部位未注公差尺寸的极限偏差按 GB 1804 规定的未注公差尺寸的极限偏差 js 12 级

续表

编号	条目要求					
9	成形部位转接圆弧未注公差尺寸的极限偏差按表 2 的规定 表 2					

表 2

基本尺寸		< 6	> 6 ~ 18	> 18 ~ 30	> 30 ~ 120	> 120
极限偏差	凸圆弧	0 − 0.15	0 − 0.20	0 − 0.30	0 − 0.45	0 − 0.60
	凹圆弧	+ 0.15 0	+ 0.20 0	+ 0.30 0	+ 0.45 0	+ 0.60 0

编号	条目要求
10	成形部位未注角度和锥度公差按表 3 的规定。锥度公差按镶件母线长度决定,角度公差按角度短边长度决定 表 3

表 3

锥度母线或角度短边长度/mm	< 6	> 6 ~ 18	> 18 ~ 50	> 50 ~ 120	> 120
极限偏差	± 1°	± 30′	± 20′	± 10′	± 5′

编号	条目要求
11	当成形部位未注脱模斜度时,除本条 a,b,c,d,e 要求之外,单边脱模斜度按表 4 的规定。当图样中未注脱模方向时,按减小注塑壁厚的方向制造。 a. 文字、符号的单边脱模斜度取 10°~15° b. 成形部位有装饰纹时,单边脱模斜度允许大于表 4 数值 c. 注塑件上的凸起或加强筋单边脱模斜度应大于 2° d. 注塑件上有数个圆孔或格状删孔时,其单边脱模斜度应大于表 4 的数值 e. 对于表 4 中所列的塑料若填充玻璃纤维等增强材质后,其脱模斜度需增大 1° 表 4

表 4

脱模高度/mm		< 6	> 6 ~ 10	> 10 ~ 18	> 18 ~ 30	> 30 ~ 50	> 50 ~ 80	> 80 ~ 120	> 120 ~ 180	> 180 ~ 250
塑料类型	自润性好的塑料,如聚缩醛聚酰胺等	1°45′	1°30′	1°15′	1°	0°45′	0°30′	0°20′	0°15′	0°10′
	软质塑料,如聚乙烯、聚丙烯等	2°	1°45′	1°30′	1°15′	1°	0°45′	0°30′	0°20′	0°15′
	硬质塑料如聚苯乙烯、聚甲基丙烯酸甲脂、丙烯脂-丁二烯-苯乙烯共聚物,聚碳酸酯注射型酚醛塑料等	2°30′	2°15′	2°	1°45′	1°30′	1°15′	1°	0°45′	0°30′

编号	条目要求
12	非成形部位未注公差的极限偏差按照 GB 1804 规定的未注公差尺寸的极限偏差,孔按 H14 级,轴按 n14 级,长度按 js 14 级
13	成形零件表面应避免有焊接熔痕
14	螺钉安装孔、推杆孔、复位杆孔等孔距的未注公差的极限偏差按 GB 1840 规定的未注公差尺寸的极限偏差 js 12 级
15	零件图中螺纹(螺纹形芯、螺纹型环除外)的基本尺寸应符合 GB 196 的规定。选用的公差与配合应符合 GB 197 的规定
16	模具的零件图未注形状公差按 GB 1184 规定的未注公差等级 C 级
17	模具零件非工作部位棱边均应倒角或倒圆。成形部位未注明圆角半径按 R0.5 mm 制造型面与型芯,推杆、分型面与型芯、推杆的交接边缘不允许倒角或倒圆

（5）总装技术要求

编号	条目内容
1	定模(或定模板)与动模(或动模座板)安装平面的平行度按 GB/T 12555.2 和 GB/T 12556.2 的规定
2	导柱、导套对定、动模安装面(或定、动模座板安装面)的垂直度按 GB/T 12555.2 和 GB/T 12556.2 的规定
3	模具所有活动部分应保证位置准确,动作可靠,不得有歪斜和卡滞现象。要求固定的零件不得相对窜动
4	注塑件的嵌件或机外脱模的成形零件在模具上安放位置应定位准确,安放可靠,具有防止错位措施
5	流道转接处应光滑圆弧连接,镶拼处应密合,浇注系统表面粗糙度参数 R_a,最大允许值为 0.8 μm
6	热流道模具,其浇注系统不允许有树脂泄漏现象
7	滑块运动应平稳,合模后滑块与楔紧块应压紧,接触面积不少于 3/4,开模后定位准确可靠

编号	条目内容			
8	合模后分型面应紧密贴合,成形部位的固定镶件配合处应紧密贴合,如有局部间隙,其间隙应小于塑料的溢料间隙。详见表 1 的规定(排气槽除外) 表 1			
	塑料流动性	好	一般	较差
	溢料间隙	<0.03	<0.05	<0.08

编号	条目内容
9	冷却或加热(不含电加热)系统应畅通,不应有泄漏现象
10	气动或液压系统应畅通,不允许有漏电或短路现象
11	电气系统应绝缘可靠,不允许有漏电或短路现象
12	在模具上装有吊环螺钉时,应符合 GB 825 的规定
13	分型面上应尽可能避免有螺钉或销孔的穿孔,以免积存溢料

（6）验收规则

编号	条目内容
1	塑料模具应进行下列验收工作: a. 外观检查 b. 尺寸检查 c. 冷却和加热系统,气动或液压系统,电气系统检查 d. 试模和注塑件检查 e. 质量稳定性检查 模具制造单位的检验部门,应将检查内容逐项填写模具验收卡,并随模具一起将验收卡交给订购方

编号	条目内容
2	模具制造单位检验部门,应按模具图样和本技术条件对模具零件和整套模具进行外观检查和尺寸检查
3	模具制造单位检验部门应对冷却或加热系统、气动或液压系统、电气系统进行检查 a. 对冷却或加热系统加 5×10^5 Pa 的压力试压,保压时间不少于 5 min,不得有泄漏现象 b. 对气动或液压系统按设计额定压力值的 1.2 倍试压,保压时间不少于 5 min,不得有泄漏现象 c. 对电气系统应先用 500 V 摇表检查其绝缘电阻,应不低于 10 MΩ,然后按设计额定参数通电检查
4	经最终热处理和表面处理,并经本表 2,3 条的检查合格的模具可进行试模,试模应严格遵守如下要求: a. 试模应严格遵守注塑工艺规程,按正常生产条件试模 b. 试模所用材质应符合图样规定,采用代用塑料时需经用户同意 c. 试模用注射机及附件应符合技术要求,模具装机后应先空载运行,模具活动部件动作应灵活、稳定、准确、可靠
5	为消除注塑件上的缺陷,试模中允许对浇口进行修正和不影响塑件质量的适当部位加设排气槽
6	试模提取检验用注塑件应在工艺参数稳定后进行,在最后试模时应连续取 5~15 模注塑件交付模具制造和订购双方检查,直至双方确认注塑件合格后,由模具制造单位检验部门开具合格证并随模具交付订购方
7	模具质量稳定性检查由订购方承担,其检查方法为在正常生产条件下连续生产 8 小时。上述工作应在接到被检模具后一个月内完成。期满未作稳定性检查即视为此项检验工作已完成。检验期间由于制造质量引起模具零件损坏,由制造单位保修

(7)标记、包装、运输、存储

编号	条目内容
1	在模具非工作表面明显处做出标记,包括以下内容:产品代号、注塑件图号、制造日期、制造厂名
2	对冷却或加热系统应标记进口和出口,对气动或液压系统应标记进口和出口,并在进口处标记额定压力值,对电气系统接口处应标明额定电气参数值
3	模具出厂前应擦拭干净,所有零件的表面应涂防锈剂或采用防锈包装
4	动模、定模尽可能整体包装。对于水嘴、油嘴、油缸、汽缸、电器零件允许分体包装,水、液、气、电路进口或出口处应采取封口措施防止进入异物
5	出厂模具根据运输要求进行包装,应防潮、防止磕碰,在运输途中保证模具完好无损

参考文献

［1］屈华昌.塑料成型工艺与模具设计［J］.北京:机械工业出版社,2003.

［2］陈剑鹤.模具设计基础［J］.北京:机械工业出版社,2004.

［3］李学锋.模具设计与制造实训教程［J］.北京:化学工业出版社,2005.

［4］邹继强.塑料模典型结构图册［J］.模具制造,2003.

［5］高钟秀.钳工技术［J］.北京:金盾出版社,2004.